中国—东盟环境合作：
绿色发展与城市可持续转型

ASEAN-China Environmental Cooperation:
Sustainable Urban Transformation for Green Development

中国—东盟环境保护合作中心　编著

中国环境出版社·北京

图书在版编目（CIP）数据

中国—东盟环境合作.绿色发展与城市可持续转型/中国—东盟环境保护合作中心编著.—北京：中国环境出版社，2017.5
ISBN 978-7-5111-3109-6

Ⅰ.①中… Ⅱ.①中… Ⅲ.①环境保护—国际合作—概况—中国、东南亚国家联盟 Ⅳ.①X-12②X-133

中国版本图书馆CIP数据核字（2017）第051989号

出 版 人	王新程
责任编辑	董蓓蓓
责任校对	尹　芳
封面设计	宋　瑞

出版发行　中国环境出版社
　　　　　（100062　北京市东城区广渠门内大街16号）
　　　　　网　　址：http://www.cesp.com.cn
　　　　　电子邮箱：bjgl@cesp.com.cn
　　　　　联系电话：010-67112765（编辑管理部）
　　　　　　　　　　010-67113412（第二分社）
　　　　　发行热线：010-67125803，010-67113405（传真）
印　　刷　北京市联华印刷厂
经　　销　各地新华书店
版　　次　2017年5月第1版
印　　次　2017年5月第1次印刷
开　　本　787×1092　1/16
印　　张　9.75
字　　数　196千字
定　　价　30.00元

【版权所有。未经许可，请勿翻印、转载，违者必究。】

如有缺页、破损、倒装等印装质量问题，请寄回本社更换

主编

张洁清

执行主编

彭 宾

副主编

宋红军　庞 骁

编委

李盼文　张楠　李博　奚旺　张永涛　王帅　王语懿

周军　段飞舟　刘平　林卫东　曹胜平

作者简介

中国—东盟环境保护合作中心于2011年5月正式成立，是中国环境保护部直属事业单位。2013年，加挂中国—上海合作组织环境保护合作中心牌子。自成立以来，中心致力于推动和参与"南南环境合作"，促进区域可持续发展合作，以中国—东盟环境合作为着力点，推动区域环境保护国际合作平台建设，探索建立"南南环境合作"新范式；同时致力于拓展合作领域，创新合作方式，提高合作成效，搭建区域环境合作平台，发展环境合作伙伴关系。

推动城市可持续转型　共促区域绿色发展[①]
（代序一）

环境保护部副部长　赵英民

中国—东盟环境合作论坛自2011年以来已成功举办5届，成为中国与东盟国家就全球和区域重大环境问题交流看法、探讨合作的重要桥梁与纽带。本届论坛以"绿色发展与城市可持续转型"为主题，具有重要的现实意义。2015年9月，联合国可持续发展峰会将"建设包容、安全、有抵御灾害能力和可持续的城市和人类居住区"列为2030年可持续发展议程的目标之一。2016年10月，联合国人居大会发布全球《新城市议程》，城市可持续发展获得前所未有的关注。中国和东盟均处于城市化快速发展阶段，面临许多相似的挑战，应当携手应对挑战，分享城市可持续发展经验，推动实现绿色发展。

中国政府高度重视环境保护工作，把环境保护确立为基本国策，大力实施可持续发展战略，努力破解发展与保护之间的矛盾。中国国家主席习近平强调，"绿水青山就是金山银山""像保护眼睛一样保护生态环境，像对待生命一样对待生态环境"。2015年，中国共产党第十八届五中全会审议通过《"十三五"规划建议》，提出牢固树立并切实贯彻创新、协调、绿色、开放、共享的发展理念；中国政府发布《关于加快推进生态文明建设的意见》和《生态文明体制改革总体方案》，共同形成了关于生态文明建设的战略部署和制度框架。以这三个文件为指导，我们以改善环境质量为核心，着力解决突出环境问题，取得积极进展。

一是加快推进环境治理。中国政府相继发布实施《大气污染防治行动计划》《水污染防治行动计划》和《土壤污染防治行动计划》，用硬措施应对硬挑战。2015年，首批实施新环境空气质量标准的74个城市$PM_{2.5}$平均浓度同比下降14.1%；地表水国控断面达到或好于Ⅲ类水质比例比2010年提高14.6个百分点，

[①] 此文为环境保护部副部长赵英民在论坛上发表的主旨演讲，有所删节。

劣 V 类水质比例下降 6.8 个百分点。2016 年 1—6 月，338 个城市环境 PM$_{2.5}$ 平均质量浓度为 49 微克/米^3，同比下降 9.3%。

二是强化环境预防措施。加快推进生态保护红线划定，启动京津冀、长三角、珠三角三大区域战略环评，优化发展的空间布局。2011 年以来，中国政府发布火电、钢铁、水泥等重点行业国家污染物排放控制标准 46 项，对重点地区、重点行业执行更加严格的污染物特别排放限值，促进了调结构、去产能。

三是加大生态和农村环境保护力度。发布《生物多样性保护战略与行动计划》，完成全国生态环境十年（2000—2010 年）变化调查评估。建成自然保护区 2 740 个，总面积约占陆地国土面积的 14.8%。2008—2015 年，中央财政共安排农村环保专项资金 315 亿元，支持 7.8 万个村庄开展环境综合整治，1.4 亿农村人口直接受益。

四是完善环境政策法规体系。以新修订的《环境保护法》和《大气污染防治法》为依托，出台生态环境损害责任追究等管理办法，依法落实地方政府环保责任，在 9 个省区开展中央环境保护督察巡视，环境保护部对 33 个市（区）开展综合督察，公开约谈 15 个市级政府主要负责同志，推动一批突出环境问题得到解决；落实企业环保主体责任，2015 年全国实施按日连续处罚、查封扣押、限产停产案件 8 000 余件，罚款 42.5 亿元，比 2014 年增长 34%。随着环境监管执法趋严，环保守法的新常态正在形成。

五是深化环境信息公开和公众参与。主动公布空气、水环境质量等环境信息，发布重点排污企业和违法排污企业名单。出台《关于推进环境保护公众参与的指导意见》和《环境保护公众参与办法》，开通"12369"环保微信举报平台。2015 年，全国共收到并办理举报超过 1.3 万件。

未来五年，是中国全面建成小康社会的决胜阶段。2016 年 3 月，中国全国人大四次会议审议批准国民经济和社会发展"十三五"规划纲要，将"生态环境质量总体改善"列为全面建成小康社会目标之一，要求到 2020 年，地级及以上城市空气质量优良天数比率超过 80%，PM$_{2.5}$ 未达标的地级及以上城市浓度下降 18%；地表水达到或好于 III 类水体比例高于 70%，劣 V 类水体比例低于 5%；化学需氧量、氨氮、二氧化硫、氮氧化物排放总量比 2015 年分别下降 10%、10%、15%、15%。为实现上述目标，我们正在制定环境保护"十三五"规划，不断提高环境管理系统化、科学化、法治化、精细化和信息化水平，加快推进生态环境治理体系和治理能力现代化。

在解决自身环境问题的同时，中国也为解决全球环境问题做出积极贡献。目前，中国已批准加入30多项与生态环境有关的多边公约或议定书。同时，我们积极与发展中国家开展南南合作。2011—2015年，环境保护部举办了36期针对发展中国家的环保培训班，来自48个国家近900名环境官员和专家来华学习交流，其中来自东盟国家的就有200多名。

中国与东盟国家山水相连，传统友谊源远流长。近十年来，双方环境合作进入快速发展轨道。今年5月，双方通过了新一期《中国—东盟环境合作战略(2016—2020)》。目前，双方正在制定合作战略的行动计划。今年是中国—东盟建立对话伙伴关系25周年，我们应站在新的历史起点上，加强交流、凝聚共识，推动环境合作取得更大成效，为区域可持续发展做出更大贡献。为此，我愿分享三点建议：

一、共建绿色"一带一路"，打造区域环境共同体

2013年，中国国家主席习近平先后提出了共建"丝绸之路经济带"和"21世纪海上丝绸之路"的重大合作倡议，为区域可持续发展注入了活力。今年8月，习近平主席强调，要"携手打造绿色丝绸之路、健康丝绸之路、智力丝绸之路、和平丝绸之路"。生态环保是"一带一路"合作的重要内容，东盟国家是"一带一路"倡议的重要合作伙伴。我们愿同东盟国家继续加强生态环保合作，分享生态文明和绿色发展的理念与实践，共商、共建、共享绿色"一带一路"，打造更为紧密的中国—东盟环境共同体。

二、推进开放的"南南环境合作"，为实现全球可持续发展目标贡献力量

推动实现2030年可持续发展议程，不仅需要各国自身的努力，也需要国际社会的广泛参与及合作。中国和东盟国家在环境领域开展了多层次、宽领域的合作，已成为"南南环境合作"的成功范例。今后，我们应进一步加强合作网络和平台建设，积极开展环保技术和产业等务实合作，推进能力建设，促进中国—东盟环境合作取得更大实效，不断丰富"南南环境合作"内涵。

三、积极开展生态友好城市合作，为区域绿色发展注入新动力

中国总理李克强在第 18 届中国—东盟领导人会议上提出"探讨建立中国—东盟生态友好城市发展伙伴关系，携手实现绿色发展"合作倡议。今天，我们将与东盟国家代表共同启动这一伙伴关系。未来，双方应利用好这一平台，不断提升中国和东盟国家城市生态系统和环境管理水平，推动建设生态友好、环境优美的宜居城市，通过政府、企业和社会各界的参与，促进国家和区域层面的绿色发展。

促进绿色发展与城市可持续转型
推动人与自然和谐发展[①]
（代序二）

广西壮族自治区人民政府副主席　黄世勇

由中国环境保护部、广西壮族自治区人民政府联合主办的中国—东盟环境合作论坛，在东盟各国的支持下，已连续成功举办5届。5年来，我们与东盟各国在环境领域的合作交流不断增强，成果丰硕。在此次论坛上，各方再聚一堂，共同探讨如何促进绿色发展与城市可持续转型，以期更好推动人与自然和谐发展。

绿色发展是当今世界可持续发展的主旋律。中国政府提出"创新、协调、绿色、开放、共享"五大发展理念，致力于推动经济发展与环境保护共赢。广西是中国西南地区和珠江流域的重要生态屏障，始终坚持在保护中发展、在发展中保护，促进生态与经济的全面协调。过去5年，广西经济总量增长了62%，但化学需氧量、氨氮、二氧化硫、氮氧化物等四大主要污染物的排放量减幅达到9.26%~26.4%。空气质量、河流和海域水质、森林覆盖率、生物多样性及丰富度等多项环境指标均居全国前茅。仰赖于良好的生态环境，广西人民幸福指数高，健康又长寿。目前，在中国被权威机构命名为"中国长寿之乡"的76个县份中，广西有25个，占1/3；2015年年底，广西健在百岁老人达5 932位，占全国的1/9；其中110岁以上有160多位；每10万人口中百岁老人达12位，是全国的3倍。"生态优美人长寿"是广西的响亮招牌。

城市是现代化元素的主要集散地，广西在此努力耕耘。我们始终坚持以绿色理念为引领，致力于建设绿色生态、开放创新、活力迸发、管理高效、桂风壮韵鲜明的现代化宜居城市。南宁是中国首批16个海绵城市试点之一，多个城市改造项目已取得初步成效。柳州作为传统老工业城市，实施新型工业化，实

[①] 此文为广西壮族自治区人民政府副主席黄世勇在论坛开幕式上的致辞，有所删节。

现了"工业城市中山水最美，山水城市中工业最强"的华丽转身。梧州几乎是一个矿产资源零储量城市，通过发展循环经济，形成了以再生铜、铝、不锈钢、塑料等再生资源循环利用为核心的产业链，成为全国循环经济示范城市。百色、贺州两个全国资源型城市，通过打造以碳酸钙和新型建筑材料"两个千亿元产业"为龙头的现代生态工业，推动城市产业转型，促进经济发展与生态改善并举。其他城市也都各具特色，都在转型升级。

绿色发展是经济社会发展的永恒主题，需要全社会共同参与。本次论坛为大家提供了一个深入交流与合作的重要平台，相信一定可以集百家之长、汇万众之力，迸发出推进绿色发展与城市可持续转型的创意灵感和思想火花。广西愿充分发挥自身优势，在推动中国与东盟各国在环保领域的交流与合作中发挥重要作用。我们愿意共同推动绿色发展长效化及常态化。深入实施大气、水和土壤污染防治，加快绿色发展，提升发展质量，增进群众福祉。我们愿意共同推动绿色发展与城市可持续转型。加快智慧城市、数字城市建设，推动全社会全产业的绿色升级与可持续转型。我们愿意共同推动城市可持续转型国际交流。相互借鉴、吸收现代城市管理、城市森林建设、现代信息基础设施、公共事务服务等方面的经验，进一步提升城市化水平。

前　言

2016年是中国—东盟建立对话伙伴关系25周年，也是东盟共同体建立元年。在双方领导人重视下，中国与东盟的环境合作不断取得新的进展与成就。2016年，双方共同制定实施的《中国—东盟环境合作战略（2009—2015）》及其行动计划画上了完美句号，在高层对话、生物多样性保护、环境管理能力建设、环境技术与环境标识、全球环境问题等六大重点领域取得了一系列丰硕成果。在这样的良好基础上，双方共同制定通过了第二期合作战略，即《中国—东盟环境合作战略（2016—2020）》，进一步凝聚了双方共识，明确了未来合作方向。在新的合作战略中，双方的环境优先合作领域增加至9个，比上一期战略多了环境可持续城市、环境影响评价与环境信息共享三大领域。

中国—东盟环境合作论坛是战略的重要合作内容之一。论坛由中国和东盟方面共同发起，2011年在中国广西南宁首次举办，至本书编写时共举办了6届，举办地点涵盖南宁、北京、桂林等地，成为中国与东盟开展环保高层政策对话交流、宣传我国环保政策与进展、增进国际社会对中国环境保护了解、扩大中国和东盟环境合作交流的有力平台，受到国内外各方关注，在区域内影响力不断上升。

为继续推动落实双方在环境领域务实合作，共同实现区域可持续发展，2016年9月10日—11日，中国—东盟环境合作论坛（2016）在广西南宁成功举办。论坛主题为"绿色发展与城市可持续转型"，由环境保护部与广西壮族自治区人民政府共同主办，东盟秘书处、越南自然资源与环境部联合主办。环境保护部赵英民副部长、广西壮族自治区人民政府黄世勇副主席、越南自然资源与环境部楚范玉贤副部长、柬埔寨环境部国务秘书尹金生、东盟副秘书长翁贴·阿萨凯瓦瓦提等重要嘉宾，东盟成员国环境部门高级官员、东盟国家城市代表、联合国环境规划署、瑞典斯德哥尔摩环境研究所、世界未来委员会等国际合作伙伴代表，以及我国环境保护部、广西壮族自治区人民政府、国内相关城市、机构和地方环境保护部门的官员、学者和企业界代表200余人出席了论坛。

  本届论坛是第十三届中国—东盟博览会的活动内容之一。论坛活动包括一个主论坛和两个分论坛。分论坛的主题分别为"环境技术合作与创新"和"实现2030年可持续发展议程的环境目标"。论坛期间，中国与东盟成员国共同启动了"中国—东盟生态友好城市发展伙伴关系"，发布了《中国—东盟环境合作战略（2016—2020）》和《中国—东盟环境展望报告》，并举办了环境技术展览。

  本书在论坛发言和讨论的基础上整理编写而成，旨在与广大读者分享论坛成果，了解中国—东盟环境保护合作进程，从而更好地支持和推进中国与东盟环境保护合作工作，促进区域可持续发展。本书由中国—东盟环境保护合作中心（以下简称"东盟中心"）与广西环境保护科学研究院（以下简称"广西环科院"）联合编写。编写人员包括东盟中心彭宾、宋红军、庞骁、李盼文、张楠、李博、奚旺、张永涛、王帅、王语懿、周军、段飞舟、刘平、林卫东、曹胜平等人员。

  特别感谢瑞典斯德哥尔摩环境研究所（Stockholm Environment Institute）对本届论坛的大力支持。

编写组

2017年1月于北京

目 录

第一章 高层对话：区域绿色发展与城市可持续转型 1
    一、中国—东盟环境合作与区域城市可持续发展 1
    二、加强对话交流 推动区域合作 3
    三、柬埔寨可持续发展政策与进展 4
    四、新加坡的可持续发展进程 7
    五、泰国城市可持续发展政策与进展 16
    六、老挝国家环境政策与优秀实践 23
    七、印度尼西亚城市可持续发展政策与进展 28
    八、缅甸城市绿色发展政策与项目 30
    九、马来西亚的城市可持续发展政策与进展 31
    十、中国努力推动实现2030年可持续发展议程 32
    十一、中国—东盟生态友好城市发展伙伴关系介绍 33

第二章 多方视角：城市可持续发展经验 35
    一、南宁市的绿色发展转型探索 35
    二、联合国视角下的城市可持续发展目标 38
    三、亚洲城市化发展背景下的城市新陈代谢 39
    四、可再生城市及其建设经验 41

第三章 中国—东盟环境技术合作与创新 44
    一、中国"十三五"环保产业发展及与东盟合作展望 44
    二、广西环保产业发展及与东盟合作展望 46
    三、中国—东盟环保产业合作及展望 48
    四、越南环境发展战略及合作机遇 49

五、搭建环保产业合作平台，展望中国—东盟环保务实合作......50
　　六、构建区域环保产业合作平台——澳门的国际环保合作发展......52

第四章　全球 2030 年可持续发展议程与区域行动......54
　　一、实现可持续发展目标的挑战与行动：联合国视角......54
　　二、实现可持续发展目标的挑战与行动：中国视角......59
　　三、斯德哥尔摩环境研究所与全球可持续发展议程......63
　　四、区域可持续发展目标与多方参与......65

第五章　实现环境可持续发展目标的机遇与挑战：国家与地方视角......68
　　一、泰国实现 2030 年可持续发展议程环境目标的挑战与机遇......68
　　二、柬埔寨实现 2030 年可持续发展议程环境目标的挑战与机遇......70
　　三、新加坡实现 2030 年可持续发展议程环境目标的挑战与机遇......72
　　四、老挝实现 2030 年可持续发展议程环境目标的挑战与机遇......74
　　五、中国云南省环境保护与低碳发展：目标、机遇与挑战......76

附录一　中国—东盟环境合作战略（2016—2020）......83
附录二　中国—东盟环境合作论坛（2016）参会人员名单......113
附录三　中国—东盟环境合作论坛（2016）会议日程......134

第一章

高层对话：区域绿色发展与城市可持续转型①

一、中国—东盟环境合作与区域城市可持续发展②

中国—东盟环境合作论坛（2016）以"绿色发展与城市可持续转型"为主题，在绿色美丽的中国南宁举办，与第13届中国—东盟博览会共同召开，东盟秘书处很荣幸作为论坛的共同主办方参与这一活动。

东盟国家拥有丰富的生物多样性，有着热带雨林、石灰石与喀斯特地貌、湿地、海洋生态系统等多种生态系统，是全球超过20%已知动植物物种的栖息地，并有着全球1/3的珊瑚礁面积，珊瑚礁种类、数量居世界之冠。

东盟近20年来经济发展迅猛，极端贫困人口数量迅速降低，中产阶级人口数量不断扩大，青年与工作适龄人口数量、城市人口数量不断上升。然而，仍有很大一部分东盟国家人民的生计直接依赖于自然资源，人类经济活动带给海洋与陆地自然资源和生态系统越来越巨大的压力。

在这一复杂的背景下，东盟国家不断探索，推动经济增长更加可持续，并将这一愿景作为自身发展的长期目标。我们必须不断坚持与推广更加可持续的发展方法，肩负起逆转环境退化趋势的责任，同时竭尽所能不断发展。

此次论坛举办的时机十分关键。2015年9月，联合国可持续发展峰会通过了可持续发展目标，2015年12月巴黎气候变化大会通过了新的全球气候协议，这些都是全球发展过程中历史性的转折点。对于东盟及其成员国而言，2015年是《东盟共同体发展路线图（2009—2015）》的收官之年，也是新的《东盟共同体愿景2025》的启动之年。

---

① 本章内容由庞骁、张楠整理编写。
② 根据东盟副秘书长翁贴·阿萨凯瓦瓦提在"中国—东盟环境合作论坛（2016）"上的发言整理，有所删节。

对于东盟国家而言，2015年也是一个历史性时刻。2015年11月22日，第17届东盟领导人会议于马来西亚吉隆坡举办，东盟国家领导人共同签署声明，成立东盟共同体。这是东盟自1967年成立以来发展历程的一个重要里程碑。在这一峰会上，东盟国家领导人通过了《东盟2025：携手前行》文件，描绘了今后10年东盟一体化进程的目标与愿景，推动建设一个更加团结、融合、有凝聚力的共同体。

2007年11月20日，在第11次中国—东盟领导人会议上，环境合作被双方领导人确立为第11个中国—东盟合作优先领域。从那时起，东盟与中国在环境领域的合作不断加强。2016年5月，双方共同通过了《中国—东盟环境合作战略（2016—2020）》。

本次论坛是中国—东盟环境合作战略框架下的对话活动之一，旨在开展高层政策对话，推动区域各国平衡经济发展与环境保护。2016年，中国—东盟环境合作论坛以"绿色发展与城市可持续转型"为主题，凸显了东盟国家与中国在提高经济与民生水平的同时减小城市温室气体排放、环境污染、生物多样性丧失等环境影响的迫切需求。

我们期待代表们在这次论坛的讨论中取得丰硕成果，分析政策、理念与优秀实践，加强政府与私人部门间的交流，推动区域城市实现低碳可持续发展。我们也期待能够利用论坛这一平台探索更多新的合作领域，并推动我们加强合作，将好的想法付诸行动，造福这一区域。

在论坛期间，我们还将发布中国—东盟环境合作展望与新一期中国—东盟环境合作战略。其中，《中国—东盟环境展望：面向绿色发展》是中国与东盟专家共同努力的结果，为我们提供了中国与东盟地区环境情况相关数据，以及区域可持续发展面临的调整，将为中国—东盟环境合作及各国政府的可持续发展提供重要决策支持。

值得强调的是，2016年9月19日，由中国政府、东盟秘书处与联合国开发计划署共同主办的2030年可持续发展议程研讨会——"不放弃任何人"于印尼雅加达召开。会议上，东盟国家与中国政府可持续发展相关职能部门高级官员、智库与民间机构、东盟共同体代表、联合国机构、企业与媒体代表共聚一堂，就消除贫困、不平等，实现东盟2025年愿景文件、2030年可持续发展议程分享经验、开展政策讨论。

中国政府、广西壮族自治区人民政策为中国—东盟环境合作论坛（2016）的举办做了完美的准备工作，此次论坛必将为中国与东盟未来合作及东盟2025愿景的实现，以及东盟国家的绿色、清洁与可持续发展做出贡献。

二、加强对话交流　推动区域合作[1]

中国—东盟环境合作论坛（2016）以"绿色发展与城市可持续转型"为主题，是中国—东盟合作框架下的重要活动，是本区域内与全球政策制定者、研究机构、企业与非政府组织进行有效交流对话的平台。

目前，环境污染、环境退化与气候变化成为中国与东盟国家共同面对的主要挑战之一。显然，这些问题很难通过每个国家自身的努力解决，克服这些问题并实现区域与各国的可持续发展，需要国际合作的支持。

近年来，环境保护与气候变化适应领域的科技发展十分迅速，我们面对上述严峻挑战的能力也有所提升。在这一有利形势下，我们更加期待紧密的合作，共同实现区域与各自国家的可持续发展与环境保护目标。

东盟与中国一致同意加强环境保护合作，并将其列入双方优先合作领域。中国与东盟国家为《中国—东盟环境合作战略（2009—2015）》的成功实施付出了不懈努力，面向2016—2020年的第二期合作战略也将继续对已取得成果进行深化与加强，并使双方合作更加全面。新战略的合作领域包括了环境政策对话交流、环境影响评价、环境数据与信息管理、联合研究，特别是城市环境可持续发展的合作。

本次论坛中东盟成员国与中国在环境管理、气候变化适应方面开展经验交流与互相学习，将会对各自的机构能力与环保和气候变化政策带来提高，从而解决环境污染、环境退化、气候变化、自然资源过度开发与人口增长带来的问题和挑战。

越南是东盟共同体的积极成员，与东盟各成员国以及中国等国际伙伴紧密合作，推动环境合作，应对气候变化，推动绿色增长与低碳减排。

越南的企业界与地方政府，特别是城市、城区已经意识到了环境污染、退化和气候变化带来的问题，以及区域和国际合作带来的解决问题的机遇。越南很多城市参与了城市可持续发展领域相关多边与双边合作倡议，加强城市韧性，应对气候变化。这些城市包括胡志明市、河内市、岘港市、海防市与顺化市。

越南对国际组织与企业在环境领域的倡议、合作与投资表示高度赞赏，并将继续致力于推动中国与东盟在可持续发展与环境保护领域的伙伴关系发展。

---

[1] 根据越南自然资源与环境部副部长楚范玉贤在"中国—东盟环境合作论坛（2016）"上的发言整理，有所删节。

本次论坛中，各方官员、科学家与企业家、城市代表将分享城市可持续发展政策制定领域的经验教训，对国家、城市与企业在城市绿色清洁可持续发展方面的需求与合作机制作更深入的了解。

三、柬埔寨可持续发展政策与进展[①]

柬埔寨王国政府很荣幸参与此次中国—东盟环境合作论坛，并对中国政府的热情好客表示感谢。多年以来，在城市化、全球化进程不断加快的背景下，全球城市在经济与环境发展领域发生了巨大变化，为城市实现可持续发展带来巨大挑战。可持续城市转型这一概念逐渐浮出水面，向我们指出了城市发展无限的可能性。实际上，城市转型涉及管理与规划、创新与竞争力、生活方式与消费、资源管理与气候变化和适应、交通便利与社会融合及公共空间等概念。

柬埔寨拥有 1 539 万人口，国民总收入约为 156 亿美元。柬埔寨近年来取得了巨大的经济增长，GDP 年增长率约为每年 7%。农业、服装制造、建筑业与旅游业等行业的发展对国家经济发展起到了支柱作用。

柬埔寨的城市化率在 1998 年只有 18%，2015 年已达到约 30%。首都金边的人口数量从 1998 年的 999 804 人增长至 2015 年的 2 065 382 人，约占柬埔寨总城市人口数量的 41%。2015 年，金边市的人口密度达到了每平方公里 3 000 人。柬埔寨城市地区的城市建设、房地产、工业与教育业发展十分迅速。

目前，柬埔寨在城市可持续发展方面的工作主要包括以下三个方面。一是固体废物管理。塑料袋白色污染是目前柬埔寨面临的最大环境问题之一。在柬埔寨的城区，塑料袋的使用范围很广，由于替代材料很少，大量使用塑料袋已经成为很多城市居民的生活习惯。为此，柬埔寨政府也开展了一些减少使用塑料袋的宣传活动，但仍然不够。

二是缺乏足够的绿色公共空间。柬埔寨绿色空间的比例非常小。很多城市的建筑、道路布局非常密集，但没有绿色公共空间的意识，也缺少这方面的规划。

三是交通阻塞问题很严重。金边市有自己的公交系统，政府也在比较繁忙的街区修建了很多立交桥来解决交通拥堵问题。金边市也为未来发展设计了一个总体发展规划，以期能让城市生活更加便捷、便利。

[①] 根据柬埔寨环境部国务秘书尹金生在"中国—东盟环境合作论坛（2016）"上的发言整理，有所删节。

图 1.3.1　金边市景色

图 1.3.2　柬埔寨减少塑料袋使用宣传海报

图 1.3.3　柬埔寨金边市的公交车辆

图 1.3.4　金边市的立交桥

柬埔寨王国发布了城市与城镇发展的相关法令，以推动全国城区经济、社会与环境的协调发展，其中一些重点领域与方向包括：环境保护与固体废物管理；基础设施建设与绿色空间水平提升；建筑标准；环境管理与规划；能力建设与公众意识。

目前，柬埔寨正在制定新的环境法，这也是柬埔寨王国政府近期的重点工作。新环境法将为环境保护与可持续发展提供系统的法律与法规框架，其中将包括含可持续城市发展与绿色经济等内容的章节。

在国际层面，柬埔寨是东盟环境可持续城市工作组（AWGESC）的主席国，与东盟成员国一道，开展了环境可持续城市相关工作，致力于推动区域城市的宜居、可持续发展。同时，柬埔寨还与东盟国家一同制定了清洁大气、清洁土地、清洁水标准。这些标准将在气候变化影响适应、环境保护领域发挥积极作用。"东盟环境可持续城市奖"也在激励着柬埔寨与其他东盟国家城市向更高标准健康发展。近期，柬埔寨政府还与韩国政府签署了合作谅解备忘录，韩国政府将为柬埔寨的城市土地利用研究与发展项目、城市公共房屋示范项目提供技术支持。

未来，柬埔寨对中国—东盟环境合作提出以下建议：

（1）中国与东盟应鼓励城市间开展合作，交流互访、互相学习。

（2）中国与东盟应加强技术合作，加强城市规划开发方面的技术援助。

（3）中国与东盟应鼓励学士、硕士学位学生的交流学习，为东盟国家提供能力建设与人力资源合作，推动提升区域可持续发展能力。

（4）中国与东盟应每年开展可持续城市竞赛活动。

柬埔寨在法律政策方面积极推进城市可持续发展，并愿意与东盟国家、东盟对话伙伴国与国际组织开展合作，推动可持续发展，使我们进一步消除贫困、提高食品环境安全、建立可持续的生活方式。

四、新加坡的可持续发展进程[①]

东盟与中国都在积极推动可持续发展，每一个国家都需要为区域可持续发展做出自己的贡献。因此，在南宁召开的中国—东盟环境合作论坛对区域而言十分重要。各国可以分享各自发展中取得的进展，相互学习，从而取得更大的进步。这里将主要介绍新加坡在进行可持续发展过程当中所走过的路程，是什么促使我们进行了可持续的发展。

新加坡的国土面积只有719平方公里，而人口有553万。新加坡在所有的发达城市当中的人口密度是最高的，它既是一个国家，也是一个城市。所以新加坡必须要在很小的空间之内，把一个国家所需要的基本元素都容纳其中，比如国防、交通（公路、港口）、基

---

① 根据新加坡环境及水源部副常务秘书邢玉泉在"中国—东盟环境合作论坛（2016）"上的发言整理，有所删节。

本生活设施（给排水）与工业等。新加坡的国土面积导致它无法将交通或者是工业生产要素放到别的地区或者郊区。既然新加坡的自然资源是有限的，那么它就必须要提高自然资源的使用效率。

图1.4.1是新加坡20世纪五十六年代的一些照片。当时，新加坡国内建设困难重重，面临着环境污染、失业率高、生活贫穷等问题。现在，50年过去了，由于上一代人的辛勤努力，新加坡已经旧貌变新颜，成为了一个非常清洁、干净、绿色的城市，并给老百姓提供着高水平的生活（图1.4.2）。

图1.4.1　20世纪五六十年代的新加坡

20世纪60年代，新加坡的年人均国内生产总值约为1 310新元，而目前新加坡的人均国内生产总值已达到约72 711新元（约合53 572美元）。60年代，新加坡的失业率约为8.6%，而目前已降至约1.9%。截至目前，新加坡90.8%的居民拥有自己的住房，100%的居民能够享受到自来水与现代化的卫生设施。

在过去的10年当中，新加坡的发展取得了巨大的进步。如果我们对此进行回顾的话，可以发现以下几个重要因素在发展的过程当中起到了至关重要的作用。第一，新加坡有非常强大的领导力与比较长远的发展目标与愿景。第二，新加坡的发展政策保持了系统性和长期性、连续性。第三，有创新，包括在科技、政策以及各种发展项目上的创新与革新。

第四，发展过程中所有的利益相关方、社会当中的每一个群体、每一个公民都参加到发展过程当中来。

图1.4.2　建国初期的新加坡与今日的对比

新加坡的领导人从最初就有一个非常远大的可持续发展愿景，即拥有清洁、绿色的未来。新加坡的国家缔造者李光耀先生在2000年时曾说过："与其他城市不同，新加坡没有足够的空间以建立一个清洁绿色的郊区，新加坡的面积迫使其居民在一个小岛上工作、娱乐与居住；我们不去隔离富有与贫穷，而是让富人与贫民在同一个清洁与优雅的环境中居住。"新加坡必须要建立一个清洁绿色的城市，让所有的人都能够享受美好的生活。毕竟，要在一个小地方容纳所有的居民，而这个地方又是很小很脏的话，那么城市的社区就是不可居住的。李光耀先生从一开始就强调绿色、清洁的城市，因为只有这样，我们才能公平地分享公共空间。从这个意义上来讲，清洁和绿色的城市并不一定只是为了旅游的发展、为了吸引更多的公司到新加坡发展，更重要的是要在所有新加坡的公民当中创造一种主人翁的精神。

新加坡的宜居城市中心（Centre for Livable Cities）认为，城市的可持续发展就像一个金字塔（图 1.4.3），最基础的塔基是动态的城市管理，其上是综合性的规划与顶层设计，通过这两个基础达到的最顶端成果是城市居民高品质的生活、经济的竞争力以及环境的可持续。

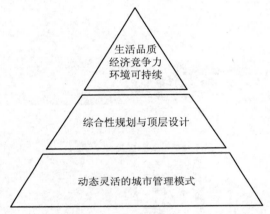

图 1.4.3　新加坡的城市可持续发展系统性方法

在可持续发展过程当中，政策的系统性、长期性十分重要。从图 1.4.3 可见，经济竞争力、可持续的环境和高品质的生活三者相辅相成，同时三者必须保持平衡，要有统一的规划和统一的发展。在最基础的城市管理方面，要做到动态的城市管理，主要包括以下几个方面：①兼以大局观与务实精神领导；②培养融合的文化；③建立良好的体制机制；④社会与利益相关方参与；⑤与市场合作。

在这个过程当中，必须要解决不同政策之间的冲突，考虑到各方不同的需求，作出综合性的规划（Master Plan）与顶层设计，这一步骤需注意以下几点：①长远思考；②成果导向；③灵活建设；④执行有效；⑤系统性创新。

在新加坡，所有人都有一个共识，那就是在发展的过程当中不可以牺牲环境，不能够先发展再重新清洁。新加坡的面积实在太小，不可能做到先发展再治理。所以新加坡在很久之前就制订了清洁空气法、建立了环境部。新加坡在 20 世纪 70 年代就建立了环境主管部门。在新加坡的理解中，可持续的环境需要确保满足长期需求的资源、洁净良好的环境质量、健康绿色的生态系统以及抵御环境风险的能力。

在新加坡,水资源的可持续性是一个非常重要的问题,下面我们通过水资源的例子来说明新加坡是如何进行可持续性发展的。

新加坡在建国初期就意识到了水资源对国家的重要性。截至目前,新加坡的总蓄水量也只满足全国50%的需求。在这种情况下,必须要采取一切可能的措施来解决水源问题。首先,最重要的是顶层设计:①必须采集利用每一滴雨水;②必须能够收集每一滴水甚至每一滴污水;③必须能够把每一滴水都进行循环再利用。新加坡针对水资源的可持续性问题采取了一个综合解决方案。新加坡主要的水资源来源有四个。第一个是瓶装水。第二个是水库等蓄水设施中储存的水,这大概占总用水量的 2/3。为了增加蓄水能力,新加坡建造了很多水渠开展集水输水,增加蓄水利用率,并建设了水资源回收处理系统,对污水进行重复利用,使其重新变成可饮用的水。第三个是进口他国水资源。第四个是海水淡化工程,使海水变成可以利用的水资源。2016 年,为了能够供应85%左右的饮用水,新加坡启动了新的海水淡化项目。我们也希望这一项目能够达到成本的有效利用,使其能够成为长期项目。此外,新加坡还对供水企业给予一定的税收优惠。

(a)雨水收集　　　　　　(b)废水回收　　　　　　(c)污水循环利用

图 1.4.4　新加坡水资源循环利用的三种主要方式

其次,创新是新加坡水资源管理实践的重要原则。缺水的现状为新加坡创造了机会与动力,让新加坡能够实现更好的发展。现在,新加坡更加依靠这些新水(NEWater),即淡化后的海水。所以在这种情况下进行了大量的研发,以便能够降低水处理对于能源的需求。目前,新加坡海水淡化的能源成本为每立方米 3.5 千瓦时,短期内我们的目标是能够达到每立方米 1.5 千瓦时。未来,我们希望能够达到每立方米 1 千瓦时的目标,使成本有效降低,并满足市场需要。未来,我们希望通过技术革新,如厌氧菌技术的研发,使污水处理厂能够达到能源的 100%自给自足。

图 1.4.5　新加坡海水淡化制造的瓶装水产品

最后，可持续发展需要社区居民的参与。上文曾提到，大概有 2/3 的水来自水库蓄水和集雨。因此，需要采取相应的措施，推动老百姓改变自己的生活方式。举个例子，新加坡河曾经垃圾很多（图 1.4.6）。1977 年，李光耀先生提出必须要在 10 年之内改变新加坡河的状况，不允许再将垃圾倒入河中，并将一些纺织厂迁址，禁止养猪场将畜禽粪便排放到河流当中。这样做的目的不仅仅是改善人们的生活质量，而且也使得每一个人、每一家企业都参与到河流的清洁中，并为之做出贡献。这种参与十分重要。

图 1.4.6　新加坡河今昔对比

（上图：20 世纪 70 年代拍摄，下图：近年拍摄）

在废弃物管理方面，新加坡也采取了类似的做法。首先，制订一个好的愿景目标与顶层设计。新加坡的愿景目标是建立一个零垃圾的国家。要想做到这一点，就必须对垃圾进行非常好的管理，在上游要减少生产者和消费者所产生的垃圾，并制订系统的政策，指出每一种垃圾的产生、回收方式，研究如何减少垃圾的填埋。

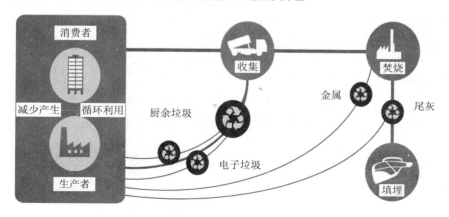

图 1.4.7　新加坡垃圾管理整体方案

其次新加坡没有那么多的土地进行垃圾填埋，于是在海上建立了一个漂在水上的垃圾填埋场（图 1.4.8）。并且将通过不断的创新以及进一步的研发，使填埋场能够可持续地发展，使其运营时间能够更长。

图 1.4.8　新加坡实马高填埋厂（Semakau Landfill）

最后，新加坡在进行垃圾管理的过程当中，注重引导人们保持一个可持续的生活方式。在建立一个零垃圾国家的过程中，新加坡政府致力于为老百姓提供一个改变生活方式的机会。这一进程需要各方的参与。这不仅需要国家环境部门制定合理的发展愿景，也要保证在经济部门、建筑部门、私营机构和非政府组织制定共同的愿景目标，使新加坡真正保持可持续的发展。2015 年新加坡发布了可持续发展蓝图（图 1.4.9），确定了 2030 年的具体目标。新加坡政府希望每一个人都能积极参与，起到自己的作用，社区的参与也十分重要。新加坡很多社区都开展了社区花园的建设，鼓励社区居民参与。

新加坡的发展目标包括零垃圾、减少机动车，以及生态智慧型的城镇建设。新加坡希望让绿色经济走在前面，创造绿色就业，而最终当这些目标实现后，就可以实现一个绿色的社区。这个过程是要持续不断努力的，新加坡也希望能够把这些概念推广到其他国家，与其他国家分享我们的经验与做法。

图 1.4.9　可持续新加坡蓝图 2015 愿景文件

图 1.4.10　新加坡社区花园

五、泰国城市可持续发展政策与进展①

快速的城市化对泰国的发展影响巨大，城市发展中面临的民生问题与环境挑战愈趋复杂。同时，随着人口密度及人口总量的增加，土地使用、自然资源以及环境所面临的压力越来越大。此外，气候变化也对泰国人的生活产生了巨大影响。

全球很多国家都认识到了国家可持续发展的瓶颈。2012年，泰王国代表、泰国公主朱拉蓬在联合国可持续发展大会上发言，提到了可持续发展的瓶颈与全球共同努力的重要性。2015年，150个国家齐聚联合国气候变化峰会，决定要采取共同行动，来实现可持续发展的目标，同时应对气候变化所带来的挑战。泰国在会议上也对世界做出了自己的承诺。

图 1.5.1　泰国代表在联合国可持续发展大会上发言

泰国已故的普密蓬·阿杜德国王陛下提出了"自足经济"（Sufficient Economy）这一理论与哲学思想。他曾因此获得联合国开发计划署的人类发展终身成就奖。自足经济的主要理念是在环境保护与经济发展中找到一条中间道路，包括三个主要概念，即"足够"（sufficient）、"合理"（rational）以及"韧性"（immunity），涉及知识分享、传统美德、努力奋斗等泰国社会传统哲学。我们期待这一哲学能够带领我们将社会、经济、生活、环境、政治联系起来成为一个整体，形成社会的平衡、安全、公平与可持续，并为未来世界的变化做好准备。

---

①根据泰国自然资源与环境部副常务秘书阿然雅·南塔波提代克在"中国—东盟环境合作论坛（2016）"上的发言整理，有所删节。

图 1.5.2　泰国前国王普密蓬提出自足经济哲学

除此之外，泰国为实现社会、经济与环境等领域方面的发展，制定了一个国家层面的可持续发展目标与发展规划。所以，泰国政府也制定了国家社会经济发展规划（National Economic and Social Development Plans），每期规划跨度 5 年，每期规划都有自己的主题（图 1.5.3）。2007—2011 年，泰国制定了国家绿色与幸福社会指数（GHI），在最新一期规划中，泰国提出了要提升绿色 GDP，更加注重社会与环境指标的提升。

图 1.5.3　近 20 年泰国社会经济发展规划主题

相对地，泰国自然资源与环境部在第十期（2007—2011）规划期间制定了自己的目标，即自然资源与生态系统保护和修复以及环境质量改善两大目标。在即将结束的第十一期国家经济社会发展规划中，泰国自然资源与环境部提出了六个主要领域，进一步整合了环境与社会、经济目标，对三者进行通盘考虑。这些领域是：环境治理、环境质量改善、自然资源与生态系统保护与修复、环境友好的生产消费、环境责任、气候与自然灾害韧性（Resilience）。

在 2017 年启动的第十二期国家经济与社会发展规划中，发展低碳社会、促进绿色经济发展成为主要目标，更加注重人力资本发展，保障社会、经济与环境的平衡发展。其中也提到了可持续的城市发展。相应地,泰国自然资源与环境部也提出了自己的5年环境质量管理规划(2017—2021)(以下简称5年环境规划)。其主要特点是强调环境善治,将绿色增长与可持续发展理念转化为务实的具体目标,并融入气候变化问题的因素。

第一,提出要建立低碳城市,包括交通运输行业的改革,减少温室气体排放。第二,在城市、城镇的发展规划中遵循均衡发展的概念。第三,提升对环境与气候变化的适应与应对能力,更好地追踪、监测气候变化趋势,帮助及早决策,应对自然灾害。除此之外,在国际合作中寻求更多发展机遇,完成可持续城市发展转型的一些需求目标。

下文将分几个主要方面对泰国可持续城市发展与转型中的一些机遇与挑战进行介绍。

首先,必须保证对自然灾害的抵御能力。泰国目前在发展中面临的一个主要挑战就是自然灾害。泰国的地理位置与气候条件,决定了它经常遇到各式各样的自然灾害。泰国曾经历过严重的洪涝灾害与干旱(图1.5.4)。因此,对于泰国政府来说,首要任务就是建立起灾害预警体系,并制定出应急政策方案。

图 1.5.4　泰国的洪涝灾害与干旱

此外,泰国的森林覆盖率正在随着经济的发展急剧减少,也导致了自然灾害的频发。在新的 5 年环境规划中,泰国自然资源与环境部提出,要在 2021 年将泰国的森林覆盖率由 2016 年的 31.62%提升至 40%(约 20.48 万平方公里)。

图 1.5.5　泰国森林保护活动图片

其次就是城市环境管理问题。泰国的城市发展速度很快,也带来了种种管理方面的问题(图 1.5.6)。在这方面,泰国自然资源与环境部通过了城市发展的相关法案,推动城市发展中的城市生态环境改善,对城市垃圾与固体废物进行更好的处理,提高资源的使用效率,推动城市居民与各界人士进行可持续的生产消费,建设低碳城市与环境可持续城市等。

图 1.5.6 泰国城市发展中的交通与固废管理面临严峻挑战

未来,泰国将进一步调整能源结构(表 1.5.1)。在这一过程中,泰国目标为在 2020 年之前大幅降低交通行业的污染物排放,温室气体减排目标为 2016 年的 10%。在固废管理方面,泰国将强化管理力度,推动分类回收、处理等方面的工作,完善垃圾处理技术,推动垃圾的能源化、资源化。

表 1.5.1 泰国替代能源发展目标

能源类型	2013 年总量/兆瓦	2022 年目标/兆瓦
太阳能发电	823.5	3 000
风能发电	222.7	1 800

能源类型	2013年总量/兆瓦	2022年目标/兆瓦
水电	108.8	324
生物质能	2 320.08	4 800
生物燃料	265.2	3 600
垃圾焚烧发电	47.5	400
其他新能源	0	3
合计	3 788	13 927

泰国是东盟共同体的成员,在城市发展过程中也希望能对整个东盟的经济共同体做出贡献,并从中获益。泰国地处大湄公河次区域重要位置,次区域多条经贸走廊途经泰国(图1.5.7),泰国的旅游业、商业发展从中获益良多(图1.5.8)。2013年,泰国边境贸易额最多的几个城市包括:西部的湄索(Mae Sot),东部的莫拉限(Mukdahan)、亚兰(Aranyaprathet)、空艾(Khlong Yai),南部的沙岛(Sadao)等。

图1.5.7 大湄公河次区域经济走廊

图片来源:香港贸发局经贸研究中心

泰国政府认为，交通便利能够带来发展机遇，高速铁路的发展能大大改变泰国的未来。然而，铁路与其他交通建设将会带来污染问题，需要我们妥善加以解决。泰国认为道路基础设施建设需要与环境基础设施建设一起开展。交通的发展可以使内陆城市、城市郊区发展得更好，并推动绿色工业与经济发展。

泰国对城市系统的发展战略高度重视，认为应重视建设韧性城市（Resilient City），通过结构性与非结构性手段加以推进落实，并注重气候变化适应措施。低碳城市建设，应从四个方面入手：城市林业建设、减少城市垃圾、增加能源效率、实现可持续消费。

图 1.5.8　泰国边境城市贸易、旅游业与产业园区不断发展

低碳可持续城市建设必须覆盖社会及环境两个维度。泰国政府非常关注与民间组织的互动，鼓励他们参与到环境保护工作当中。我们希望能够进一步推进与中国以及其他东盟成员国之间的交流，在民间组织活动方面分享一些经验。最后，引用泰国诗琳通公主曾说过的一句话，"可持续发展的目标实际上是为我们自己与子孙后代保护地球家园"。

六、老挝国家环境政策与优秀实践[①]

老挝在1997年7月23日加入东南亚国家联盟。目前，老挝的人口大概有650万，官方语言是老挝语，国家主要宗教是佛教。现在，老挝国内一共有49个不同的民族，享受平等的权利，主要民族包括苗族（Hmong）、佬族（Lao Loum）、坤族（Khmu）等。老挝是中南半岛唯一一个内陆国家，没有海岸线。

老挝的货币是老挝基普[②]，老挝目前的年GDP增长率约为7.4%，国民年平均收入为1 970美元。国民经济收入的主要来源及占比为：农业（23.7%）、工业（29.1%）与旅游服务行业（47.2%）。

2011年，老挝自然资源与环境部正式成立，并在环境保护方面开展了很多工作。该部有两个主要职能，即自然资源的可持续管理与环境质量的保护。2016年1月18日—22日，老挝人民革命党第十次全国代表大会在万象召开，这次会议对于老挝未来发展有着重要的意义。大会通过的决议中，提出要保证老挝在2030年前实现绿色可持续发展。为此，会议决议通过了老挝的三个主要发展目标，其中之一即：为实现绿色可持续发展目标，确保自然资源的高效利用与环境保护、对自然灾害与气候变化进行有效应对。

在老挝的第八个五年社会经济发展规划（2016—2020）中提出，要实现环境保护与自然资源的可持续管理，并将确保自然资源的高效利用与环境保护、对自然灾害与气候变化进行有效应对作为两个重要目标成果。

老挝自然资源与环境部前身为老挝水资源与环境局（WREA），并整合了部分国家土地管理局（NLMA）与农业与林业部（MAF）的职能。

目前，该部下属司局主要包括水资源司、环境司、气象水文司、大湄公河次区域秘书处、环境与社会影响评价司、水资源与环境研究院、土地资源司、土地政策与使用监督司、土地资源信息研究中心、土地规划开发司。2012年，该部还成立了森林资源管理司。部门整体较新。

在法律体系方面，老挝于1999年正式颁布环境保护法。2012年对环境保护法进行了更新，2013年新版本正式生效，并颁布了国家环境战略（2006—2020）。目前，在战略下

[①] 根据老挝自然资源与环境部代表洛克汉姆·阿特萨那万在"中国—东盟环境合作论坛（2016）"上的发言整理，有所删节。
[②] 基普（KIP），1美元约合8 000基普。

已执行了两个五年计划（2006—2010、2011—2015）。2015 年，该战略增加了老挝自然资源与环境部面向 2030 年的愿景，成为了新的国家自然资源与环境战略（2016—2025），目前在新战略下已形成了老挝自然资源与环境第三个五年计划（2016—2020）。关于老挝自然资源与环境第三个五年计划（2016—2020），下文将进行重点介绍。

老挝的可持续发展目标，就是通过绿色经济发展实现可持续发展与工业化，同时实现气候变化适应与减灾能力提升，使老挝成为一个拥有丰富的自然资源的绿色、清洁和美丽的老挝。

老挝自然资源与环境第三个五年计划（2016—2020）有 7 个核心目标，分别为：①制定土地管理规划；②制定森林资源与生物多样性管理规划；③制定地质与矿业资源管理规划；④制定水资源、气象与水文管理规划；⑤制定环境保护与气候变化规划；⑥制定区域与国际合作及一体化规划；⑦制定机构能力发展规划。

在其中第⑤点，即环境保护与气候变化规划中，有 4 个重点项目，分别是环境质量改善项目（可持续城市、战略环评、环境友好技术、环境教育等）、污染监测与控制项目、环评及投资建设项目管理、气候变化适应与防灾减灾等。

图 1.6.1　老挝新的环境保护法

下面分析老挝在环境保护方面的一些优秀做法。1995 年，老挝加入了"湄公河流域可持续发展合作协定"（又称"湄公河协议"，由柬埔寨、老挝、泰国、越南 4 个湄公河下游国家共同签署），对湄公河可持续发展做出承诺。随着老挝环境保护法的颁布，老挝相继推出了一系列环境保护领域法律法规与政策（表 1.6.1）。

表 1.6.1　老挝近年环境领域法规政策文件发布情况

法规政策名称	发布时间
关于环境标准的决定	2010
关于臭氧层消耗物质管理的决议	2012
关于工业与手工业锅炉管理的决定	2014
关于工业过程中大气污染物排放管理的决定	2015
关于有毒与危险废物管理的指导意见	2015
关于污染控制的指导意见	2015
老挝人民民主主义共和国国家自主共享文件	2015*

*2015 年 9 月 30 日在《联合国气候变化框架公约》第 21 次缔约方大会上正式提交。

目前，老挝政府正在进行一系列环境法律框架的更新工作，包括对战略环境影响评价（SEA）的法案与导则的最终完善，对综合空间规划（ISP）法案与导则的起草，对排污费规定的更新，对环境标准的更新，对环境技术服务法规的更新，以及对环境友好技术及可持续生产消费相关指导意见的起草等。

在土地规划方面，老挝加强涉及林业、农业用地的规划，在土地使用规划中加强公众参与。2007 年 10 月，老挝启动了综合空间规划（ISP）项目，旨在加强对空间与土地可持续利用的规划。2010 年，老挝在 4 个省份完成了 ISP 规划，2015 年，完成规划的省份增至 8 个。目前，老挝仍有 6 个省份正在积极开展规划。规划方案对土地利用、自然资源与环境保护、未来居住与工业用地、未来投资项目用地与使用用途等进行了综合规划，整体考虑了经济、社会与环境等用途。

在战略环境影响评价方面，老挝政府的环境管理支持项目（EMSP）在亚洲开发银行的支持下开展了战略环境影响评价研究，自 2010 年起举办了两期培训，并正在对战略环境影响评价法案终稿进行完善。目前，老挝自然资源与环境部正在积极寻找合作伙伴进行战略环评试点示范项目。

图 1.6.2　国际专家参与老挝土地规划方案设计

在环境教育与公众意识提升方面，老挝政府获得了德国政府与德国国际合作机构（GIZ）的大力支持，开展了气候环境教育活动（Promotion of Climate-related Environmental Education, ProCeed），取得了一定成效。

图 1.6.3　老挝 ProCeed 环境教育活动

目前，老挝政府已批准了《国际湿地公约》（Ramsar 公约）。在世界粮农组织与全球环境基金的支持下，老挝开展了湿地地区气候变化适应项目（CCAW）。第一期在沙湾拿吉省（中部）、占巴寨省（南部）开展了试点，推动政府与当地社区开展气候变化与减灾工程，涉及农业、林业与渔业等主要领域。

图 1.6.4　老挝湿地地区气候变化适应项目（CCAW）试点

此外，从 2004 年开始，在农业部与瑞士国际合作机构的支持下，老挝自然资源与环境部还开展了有机农产品项目。

图 1.6.5　老挝推动开展有机农产品项目

目前，老挝的可持续发展还面临着很多问题。就自然资源与环境部而言，在完成 5 年规划过程中还面临着很多挑战。首先，最主要的一点就是部门预算难以支撑规划中所有工作与活动的开展。其次，作为一个成立时间较短的部，老挝自然资源与环境部亟须提高机构能力，对能力建设的需求很高。最后，由于能力的不足，导致部门的政策工具与制度不健全，难以很好地履行部门既定职责。

在国家总体层面，老挝一些地方政府面临严重的减贫压力，财政资金不足，环境教育严重缺失，对自然资源与环境保护的意识严重缺位。农业是老挝的主要经济来源。由于传统农业的刀耕火种、粗放的工业制造业活动，以及"三废"处理能力与实践的不足，导致地表水、地下水质量监测与管理面临严重挑战。

此外，老挝政府各部门间也需要更多的协同、协调。自然资源与环境部的工作需要在很多部门的支持下开展。例如，上文所说的综合空间利用规划，就涉及农业、矿业、工业、民生等各部门的参与协同，没有其他政府单位的配合，规划就是一纸空文。人才和技术的缺失是老挝面临的另一个重要挑战。目前，老挝在地方层面的高级专家十分有限，缺少先进的环境管理与监测技术，很多工作难以有效推进。

总体而言，老挝的自然资源与环境保护仍然面临着预算不足、人才缺失、公众意识缺乏和巨大的减贫压力等问题。为了实现可持续发展，老挝需要各个政府部门的更多关注，也需要本国国民的共同参与，老挝自然资源与环境部也致力于进一步推动这方面工作的开展。

在目前的法律框架下，老挝自然资源与环境部的主要工作就是推进 2030 年愿景、国家自然资源与环境战略（2016—2025）及自然资源与环境第三个五年计划（2016—2020）等战略文件的落实，建设一个绿色、清洁与美丽的老挝。

在这一过程中，国际合作与国际援助十分重要。在未来合作方面，老挝自然资源与环境部作为一个年轻的部门，将继续与其他老挝中央与地方政府部门、私营机构、国际伙伴加强合作，推动老挝在自然资源与环境保护能力建设、公众意识提升、土地资源利用与空间规划以及技术转移等方面的工作。

七、印度尼西亚城市可持续发展政策与进展[①]

印度尼西亚环境与林业部林业与环境科技处处长因卓·伊克丝普罗塔西娅在发言中介绍了印度尼西亚在可持续城市转型方面开展的工作。印度尼西亚于 2014 年颁布了第 23 号法令对中央政府、省政府以及区政府、市政府之间关于城市管理工作以及权限进行了划分。该法令促进了省政府与区政府参与，发挥地方影响力。可持续城市的 3 项基本法律依据来源于 2009 年环境保护第 32 号法令、1999 年森林保护第 41 号法令、1990 年自然资源

---

①根据印度尼西亚环境与林业部林业与环境科技处处长因卓·伊克丝普罗塔西娅在"中国—东盟环境合作论坛（2016）"上的发言整理，有所删节。

保护第 5 号法令。2009 年第 32 号法令明确指出在满足人们生活基本需求的同时要考虑到环境的承载能力，考虑环境污染的恶化速度。制定的国家政策必须能够落实到地方执行，为此，印度尼西亚推行了三项主要措施：一是设立清洁城市奖，推进环境法落地；二是自然资源保护与城市管理相结合；三是推广城市建筑与森林以及保护区相融合的良好实践。

通过设立"ADIPURA 奖"推行城市清洁工作。环境与林业部每年评选最清洁城市颁发"ADIPURA 奖"，获奖的重要指标就是城市管理过程中环境法的实施情况，评选内容包括公共绿地和废物管理、水质和污染物控制、减缓和适应气候变化、采矿业管理（可选）、土地管理（可选）。获得"ADIPURA 奖"的指标要求为：公共绿地面积至少要占城市面积的 30%，垃圾填埋场管理要纳入废物管理，以及评选过程中的其他要求。"ADIPURA 奖"设立了 4 个奖项，分别是："Adipura Buana"奖即宜居城市奖，从政策、设施、和谐等方面评定城市的社会和环境是否宜居；"Adipura Kirana"奖即魅力城市奖，综合考量城市环境与经济发展，政府环境管理及贸易、旅游和投资等；"Adipura Paripurna"奖即最佳城市奖，是城市获得的最高荣誉，要符合上述两个奖项要求的所有标准；"Adipura Bhakti"奖即最具潜力奖，奖励改革取得重大进展并具有创新性的城市。

印度尼西亚通过实施绿化开放空间项目推动城市发展、保护自然资源。保留一些非住宅和非建筑区作为开放绿地空间，由城市公园、城市森林和植物园组成，也包括文化园区。修订 1999 年第 5 号法令，建立激励机制鼓励各城市以及区域把保育概念、环境保护概念引入城市管理当中。

印度尼西亚推广城市建筑与森林以及保护区相融合的良好实践。林业和环境部出台了最佳实践指南，用于指导跨森林和保护区的公共设施工程建设，必须要在建设公路以及基础设施时考虑到保护环境及生物多样性。

印度尼西亚使用可再生以及清洁能源建设可持续城市，采用建设微型水电站及地热等清洁能源为城市提供能源供应。城市交通采用电能和天然气能源方式。

印度尼西亚在建设可持续城市过程中也存在一些问题，地方政府为了得奖，往往集中在评选期间抓城市环境质量，存在短期效应；相关 NGO 组织较少；社区及私营部门参与度不高。

印度尼西亚希望进一步推进城市之间的合作，相互借鉴发展经验。城市可持续发展是一个漫长的过程，必须要在经验研究基础上制定城市发展规划政策。同时，要注重利用公共教育和媒体资源宣传教育，这也是可持续城市建设成败的关键。

八、缅甸城市绿色发展政策与项目[①]

缅甸自然资源与环境保护部保护司处长尼尼昂介绍了缅甸在建设可持续城市方面所取得的进展。缅甸环境保护工作起步较晚，2011年成立了环境保护和林业部，2012年设立了环境保护司，2016年建立了自然资源与环境保护部。2013年，建立了5个地区办公室（仰光、伊洛瓦底、德林达依、曼德勒与实皆），2014年，又建立了另外5个地区办公室（巴戈、克钦、孟邦、若干、掸邦），2015年，新增4个地区办公室（马圭、钦邦、克耶邦与克伦邦）。缅甸2012年制订了环境保护法和环境保护条例，另外在2014年出台了消耗臭氧层物质管理规定，2015年制定了环境影响评价程序文件以及国家环境排放指南。缅甸仍不断地制定一些其他的战略、政策以及工作计划，正在制定的包括：国家环境政策、宏观战略及工作计划；气候变化政策、宏观战略及工作计划；绿色经济宏观战略工作框架；废物管理宏观战略及工作计划；国家环境质量指南、发展项目和社会影响评价指南、环境管理融资指导守则等。

缅甸为实现可持续城市转型、实现绿色发展采取了一些措施。以仰光为例，仰光总面积为794平方公里，人口约514万。仰光目前正在与日本投资机构合作开展大仰光城市化发展项目，已经制订了城市战略发展规划，包括：进一步提高水供应以及污水处理能力、城市交通规划、垃圾污染管理、能源供应、特别经济区等内容。缅甸同时也参加了东盟国家的可持续模范城市项目，建立了国家联络处，仰光在2014年的东盟可持续模范城市项目中当选为可持续模范城市。

目前缅甸、柬埔寨和老挝正在实施由GEF城市发展基金支持的"气候变化和可持续发展城市项目"，项目周期为48个月，项目总金额为600万美元，每个国家得到150万美元支持，项目目标是减少气候变化对乡村贫困地区的影响，主要实施城市生态系统适应——城市化及能力建设方面的工作。缅甸、柬埔寨和尼泊尔在联合国环境规划署的资助下，开展了制定"国家和城市层面固体废物管理战略"项目，项目为期两年，项目目的是对土壤、水以及噪声污染进行进一步检测，调查城市环境质量在夏天雨季和冬季不同的环境状况，找到更好地解决城市环境问题的方法。展望未来，缅甸希望能够与其他国家共同应对城市发展挑战，携手创建更加绿色可持续的城市。

[①] 根据缅甸自然资源与环境保护部保护司处长尼尼昂在"中国—东盟环境合作论坛（2016）"上的发言整理，有所删节。

九、马来西亚的城市可持续发展政策与进展[①]

马来西亚自然资源与环境部首席助理秘书谭波洪介绍了马来西亚绿色发展和城市可持续转型有关情况。马来西亚有人口 2 990 万，国土面积 329 847 平方公里，GDP 年增长率为 5%～6%，人均收入 11 307 美元，2011 年森林覆盖率为 54.3%，森林覆盖率到今年已有进一步的增长。

马来西亚制定了第 11 个五年计划（2016—2020），主要助推绿色增长和可持续发展，关键领域包括：环境可承载的绿色增长、可持续生产和消费、保护自然资源、应对气候变化和自然灾难等。

马来西亚制订了相关国家政策。1998 年制订的生物多样性国家政策，旨在保护马来西亚生物多样性，确保在社会经济发展的同时可持续地利用生物资源。2002 年制订了环境保护国家政策，旨在保护环境和可持续发展，促进经济、社会和文化进步，提高马来西亚人民的生活质量。2008 年制订了国家可再生能源政策和行动计划，旨在提高可再生能源的利用率，保证国家电力供应安全和可持续的社会经济发展。2009 年制订了国家绿色科技政策，旨在驱动国家经济提速，推动可持续发展。2010 年制订了气候变化国家政策，旨在履行气候变化公约并适应气候变化。

马来西亚在绿色发展和城市可持续转型领域主要围绕四个方面开展工作：建筑、生产制造、消费品、能源。在建筑方面设计了绿色建筑指数（GBI），作为建筑物评估工具。推出了 MyCrest 工具，量化建筑行业碳减排数量。除此之外，还推行了国际绿色通行证和绿色标签制度。在制造业和消费品方面，实施了绿色技术融资计划（GTFS），推进能源、污水废物管理、建筑和交通领域绿色技术创新。另外，在政府层面推广绿色采购，购买绿色产品，比如纸、清洁剂都必须是绿色的。进一步推行生态标志制度。马来西亚在能源方面，制订了国家能源效率行动计划（NEEAAP）（2016—2025），2016—2025 年，推进了 10 个能源效益部门和单位，减少至少 52 233 兆瓦电能，减少 8% 的电力需求增长，温室气体减排 3 800 万吨 CO_2。

马来西亚希望与其他国家开展废料处理、绿色建筑以及交通领域的合作。

[①] 根据马来西亚自然资源与环境部首席助理秘书谭波洪在"中国—东盟环境合作论坛（2016）"上的发言整理，有所删节。

十、中国努力推动实现 2030 年可持续发展议程[①]

2015 年召开的联合国可持续发展峰会通过了《改变我们的世界：2030 年可持续发展议程》，确定了涵盖社会、经济和环境三个方面共 17 个可持续发展目标。这些目标中，约有一半与环境和自然资源的可持续性有关。这充分表明，环境问题在 2030 年可持续发展议程中占据重要地位，环境目标的实现对全面实现可持续发展目标有着举足轻重的意义。

为在全球范围内推动落实可持续发展议程，2016 年 5 月，第二届联合国环境大会在肯尼亚内罗毕举行，来自 170 多个国家的 2 000 多名代表参加了此次会议。会议以"落实《2030 年可持续发展议程》中的环境目标"为主题，审议可持续发展议程及其环境目标的落实情况，并最终达成了 25 项具有里程碑意义的决议，主要包括可持续生产与消费、生物多样性保护、化学品管理等。

中国是最早提出并实施可持续发展战略的国家之一，是全球可持续发展理念与行动的坚定支持者和实践者。中国积极采取行动，努力落实可持续发展目标，将可持续发展目标充分整合到本国发展规划之中。在 2016 年年初通过的第十三个五年发展规划中，中国政府提出"创新、协调、绿色、开放、共享"的发展理念，把"积极落实 2030 年可持续发展议程"明确写入规划，把增进人民福祉、促进人的全面发展作为最终目标，将生态文明、绿色发展融入经济社会发展的各个方面，着力提高发展的质量和效益，提高发展的公平性和可持续性。除了赵英民副部长在上午会议上介绍的环境保护指标外，规划还提出，到 2020 年，万元 GDP 用水量较 2015 年下降 23%、单位 GDP 能源消耗较 2015 年降低 15%、单位 GDP 二氧化碳排放较 2015 年降低 18%、非化石能源占一次消费能源比重达到 15%、森林覆盖率达到 23.04%等可持续发展目标。作为世界上最大的发展中国家，中国努力实现可持续发展目标，将对区域和全球实现可持续发展起到巨大的推动作用。

当前，全球环境治理体系正在发生深刻变化。推动和实现可持续发展已成为国际社会的共识，是国家发展的必然选择，也是区域合作的重要内容。亚太地区是当今世界经济最有活力的地区，特别是东亚和东南亚地区，经济发展取得了举世瞩目的成就，但同时也面临着严峻的资源和环境问题。本地区各国纷纷认识到，不能再走发达国家曾经走过的、传统的"先污染、后治理"的发展模式，必须顺应时代潮流，走环境友好的、绿色的、可持

[①]根据环境保护部国际合作司宋小智副司长在"中国—东盟环境合作论坛（2016）"上的发言整理，有所删节。

续的发展道路。

2030 年可持续发展议程为全球可持续发展描绘了新的愿景。各国应携手合作，将承诺转化为行动，将目标转化为成果，努力实现议程在区域和全球的稳步推进，促进世界各国的共同发展。中方愿与东盟各国以及国际机构加强合作，共同应对区域和全球环境挑战，积极推动实现可持续发展目标。

今天下午的论坛恰逢其时，充分体现了中国和东盟国家对可持续发展的重视，也是中国和东盟国家从区域层面积极主动回应全球性问题的一个重要举措。希望通过此次交流，凝聚共识，加强合作，为实现可持续发展的环境目标贡献力量。

十一、中国—东盟生态友好城市发展伙伴关系介绍[①]

城市是我们居住生活的地方，是政治、经济、文化、社会活动的场所。城市创造了全球约 70%的 GDP，同时，城市也消耗了全球 60%的能源，产生了全球约 70%的废弃物与约 70%的温室气体排放总额。联合国秘书长潘基文指出，全球可持续发展的成败系于城市。2015 年 9 月，联合国发布了全球可持续发展目标，其中目标 11 即针对城市可持续发展。下个月，联合国将召开 20 年一次的人居大会，发布全球《新城市议程》。未来，城市将在区域可持续发展中承担更加重要的角色。

自 21 世纪以来，亚洲进入了城市化发展的快车道。快速的城市发展使各国面临着越来越严峻的资源环境压力。生态友好城市建设的理念为解决城市可持续发展提供了很好的模式。生态友好城市要求广泛利用生态学原理规划建设城市，高效利用资源能源并实现清洁生产、采用可持续的消费模式，人工环境与自然环境有机结合，居民有自觉的生态意识观念，政府建立完善的动态的生态调控管理与决策系统。

环境问题无国界，城市面临的生态环境挑战，既需要通过各国自身努力，也需要通过积极开展国际合作与城市间合作共同应对。2015 年 11 月，中国总理李克强在第 18 次中国—东盟领导人会议上提出了"建立中国—东盟生态友好城市发展伙伴关系"的重大合作倡议。中方愿以此为契机，加强与东盟国家在生态城市建设领域的交流与合作。2015 年 11 月，在北京召开了中国—东盟生态友好城市发展伙伴关系研讨会。会议提出了建立伙伴关系的具体建议。

[①]根据环境保护部自然生态保护司柏成寿副司长在"中国—东盟环境合作论坛（2016）"上的发言整理，有所删节。

图 1.11.1　中国—东盟生态友好城市发展伙伴关系标志

中国—东盟生态友好城市发展伙伴关系目标为：第一，通过生态城市交流与合作，倡导和推行绿色发展理念；第二，提升中国和东盟国家城市生态系统和环境管理水平，建设生态友好、环境优美的宜居城市；第三，通过各方参与，促进国家和区域层面的绿色和可持续发展。

双方将在以下几个主要领域开展合作：

第一，生态城市政策与经验交流。中国与东盟国家需要互相学习和分享成功经验，共同提高政策制定和实施能力。

第二，开展低碳环保产业与技术合作。走绿色低碳的城市发展道路需要以先进、适用的环保产业和技术为依托；需要企业提高环境与社会责任意识，加强低碳环保技术的研发和运用。

第三，开展公众参与与环境宣传合作。生态城市的发展离不开公众的积极参与。在这个领域，我们将开展生态社区交流与示范，推动生态城市宣传和教育合作。

第四，建立中国—东盟生态城市联盟，为开展城市之间的合作提供一个长期化、机制化的合作平台。

第二章

多方视角：城市可持续发展经验[①]

一、南宁市的绿色发展转型探索[②]

"十二五"期间，南宁市结合自身特点和实际，不断加强环境保护和生态城市建设，把建设绿色城市作为政府和市民的共同愿景。在推动城市绿色发展和可持续转型方面做了一些有益的尝试并积累了丰富的经验，值得借鉴与推广。

1. 着力优化生态布局，践行绿色发展理念

南宁市坚持"生态立市、环保优先"的发展战略，把生态环境保护放在经济社会发展的优先位置。一是大力实施生态宜居环境五城联创。即同时创建国家卫生城市、国家生态园林示范城市、国家节能减排财政政策综合示范城市、国家海绵城市试点、国家生态文明建设示范城市。经过多年的努力，南宁市已经成功获得了联合国人居奖、全国文明城市、国家卫生城市、国家森林城市等荣誉。2016年又获得了国家首批生态园林城市、全国地下综合管廊试点城市，并获得第十二届中国国际园林博览会的举办权，并第四次入选中国十大宜居城市。二是注重优化发展空间格局和产业结构布局。在南宁市城市总体规划（2011—2020）中，专门制定中心城环境保护规划，注重调整优化三次产业结构比重，加快构建现代产业体系，促进三次产业融合发展。在南宁市主体功能区规划中坚持与资源环境承载能力相匹配进行城市建设，保护生态发展空间。此外，对20多项有关建设开发利用专项规划开展规划环评，严格区域产业布局和项目环境。三是以科技规划为先导，统筹环境治理。先后编制并实施南宁市环境保护"十二五"规划、大气污染防治规划、水污染

[①]本章内容由李博整理编写。
[②]根据南宁市副市长魏凤君在"中国—东盟环境合作论坛（2016）"上的发言整理，有所删节。

防治行动计划等各类环境专项治理规划、计划，科学统筹和引导生态环境保护工作深入开展。亦制定南宁市节能减排"十二五"规划，坚持降低能源消耗程度，减少主要污染物排放总量，合理控制能源消费总量相结合，加快形成转变经济发展方式的倒逼机制。四是坚持环境保护工作与经济工作同部署、同检查、同考核。南宁市坚持把生态环境保护放在经济社会发展的突出位置，每年不定期召开环境保护委员会工作会议，研究部署全市环境保护工作，并将环境保护指标任务纳入年度绩效考核考评范围，进行严格考评。

2. 转方式、调结构，努力实现保护与发展双赢

长期以来，南宁的发展受困于不平衡的产业结构和粗放的发展方式，工业支撑乏力，农业、现代服务业程度较低。为此，南宁市切实把"创新、协调、绿色、开放、共享"这五大发展理念贯彻到经济社会的发展战略中，加快转变经济发展方式，推动产业结构优化升级，探索一条以农业为基础、工业为支撑、服务业为主导的经济发展新路。在转方式、调结构的过程中，南宁市持续破解环境保护与经济发展的难题。首先，做好加法，大力发展生态型产业，力推绿色产业，推进产业发展生态化和生态建设产业化这两化的融合。印发实施南宁市发展生态经济的实施方案，重点推进清洁能源汽车节能环保装备制造、节能环境服务业等新型生态产业。加强环保龙头企业的培育，推动环保产业快速增长，全市环保企业从业人数、营业收入、投资收益快速增长，涌现出博世科、绿城水务、生科环保等一批上市企业。通过开展绿色产业投资洽谈活动，吸引一批国内有实力的节能环保企业到南宁投资发展。积极推进能源结构调整，大力支持光伏发电、风电、生物质能源、天然气、分布式发电等项目建设。大力推进县县通天然气工程和西气东输工程。其次，做好减法，坚决淘汰落后产业和过剩产能，推动经济发展提质增效。坚决关停能耗大、污染重的落后企业和生产线，严格环境保护标准，淘汰落后产能，倒逼传统产能向集约化、绿色化方向发展转型。由严格的环评准入来引导发展，严控高污染、高能耗项目投资审批。从决策源头调控生产力布局，优化资源配置。"十二五"期间，完成南宁化工等20多家重点排污大户的政策性停产，关停淘汰124家水泥、造纸、制革业企业。再次，做好乘法，发挥创新的成熟效应，变科技潜力为现实生产力。实施创新驱动发展战略，大力发展电子信息、先进装备制造、生物医药三大主导产业。培育发展新材料、新能源、节能环保、电子商务、信息服务等战略性新兴产业，特别是与北京中关村合作，打造促进高新科技成果转化的"南宁·中关村双创示范基地"，引进上海名匠、哈工大机器人集团、谷歌等一批世界500强和行业龙头领军企业，着力打造面向东盟的高科技产业集群，推动南宁经济转型升级。

最后,做好除法,立足于生态立市、生态兴市、生态强市,充分发挥环境保护对经济发展的倒逼和优化作用。

3. 开展环境治理,保护生态环境

南宁市始终坚守生态环境保护底线,多措并举,综合治理,持续改善全市环境质量。城市生活污水处理率达 97%,强力推进城市建成区黑污水体处理,完成 190 个生活污水直排口的整治,积极推进国家级和自治区级生态乡镇和村屯建设,建设一批集中型分散式乡镇污水处理设施、垃圾中转站,农村环境条件得到有效改善。积极开展大气颗粒物源解析研究和环境空气质量预警预报工作,率先在广西划定高污染燃料禁燃禁售区,拆除烟囱 907 个,完成小锅炉淘汰及清洁能源改造 287 台,关停搬迁市区重污染企业,综合治理燃煤、城市扬尘、机动车尾气等大气污染源。经过努力,南宁市区空气质量优良率即 AQI 指数,从 2013 年的 75%提高到 2015 年的 88.8%。2016 年 1—8 月更是达到了 95.6%,5—8 月连续 4 个月空气质量优良率达到 100%,"南宁蓝"成为了常态。

4. 加强生态宜居环境建设,提升中国绿城品质

南宁市始终秉承"尊重自然、传承历史、绿色低碳"的发展理念,不断深化中国绿城内涵,提升宜居城市魅力。南宁市深入实施中国绿城品质提升工程,打造一批绿化重点区域和精品线路,着力提升城市绿化美化水平。截止到 2015 年年底,南宁市全市森林覆盖率达到了 47.06%,建成区绿化覆盖率达到 42.95%。亦按照治水、建城、为民的要求,深入推进邕江两岸及 18 条城市内河水系的综合整治,启动总投资 176 亿元的邕江两岸环境治理生态修复工程,打造百里秀美邕江。南宁市实施居住小区、学校、公园绿地和道路广场等城市攻坚项目,进行海绵城市的试点改造。在奖励企业节能减排的同时,大力发展绿色环保公共交通,整治污水直排口,推广绿色建筑。经过不懈的努力,南宁市走出了一条经济平稳健康发展与生态环境保护双赢的新路子,较好地兼顾了经济发展和环境保护,可持续发展水平不断提高。"十二五"期间,南宁市建成区面积扩大 33.5%,地区生产总值增加 1.89 倍。与此同时,南宁市主要污染物的排放逐年减少,并全面完成国家总量减排四大约束性指标,环境空气质量在国内 31 个省会城市中排名始终维持在前六位。保护环境绿色发展带来了城市生态环境的不断改善,可持续发展能力增强,城市人居环境总体水平提高,广大市民普遍受益,也使得市民环保意识得到进一步的加强,市民支持、配合、参与环保的热情得到进一步的提升。

二、联合国视角下的城市可持续发展目标[①]

1. 可持续城市化是实现可持续发展的重要途径

城市可持续化是实现可持续发展的重要内容之一。面对史无前例的城市化进程，管理良好的城市增长不仅可以促进经济发展，还可以减少贫困。但是，如果对城市增长管理不善则可能造成环境污染、资源浪费和社会分化等问题，因此，实现可持续发展的关键，在于能否以可持续的方式来管理城市化进程。

同时，可持续城市化的复杂性，还在于要面对经济、社会、环境、政治等领域的诸多严峻挑战。这些挑战的集中表现，即城市经济增长与环境可持续性之间的潜在冲突。因此，必须找到合适的方法，既能实现有利于减贫的经济发展，又能在乡村、城市和全球等多个层面减少因经济增长和城市生产所造成的环境破坏；必须通过经济政策、环境管理战略、制度创新等手段，增强城乡地区在可持续发展进程中的互补性，才有可能推动可持续城市化的现实进程。

为了应对上述挑战，必须优先考虑能够促进可持续城市化进程的一系列行动计划。在环境方面，通过资源回收、循环使用、废弃物管理和解决工业与交通污染等手段，减少各种废弃物所造成的环境污染问题。

为了实施上述行动计划，需要不同层面的各利益主体协调配合。因为仅依靠城市是不可能完成所有任务的，必须联合更大范围内的政府、企业和机构采取协调一致的行动。在实施可持续城市化的进程中，在地方层面上，需要城市政府和市民社会的共同努力，使地方政府以及当地合作伙伴能够承担起主要的责任；在国家层面上，需要有效的政策支持和法律框架，使上级政府能够为地方城市提供更有力的指导、支持、协调和监管；在国际层面上，需要寻求更广泛的支持，联合国和世界银行等国际机构将扮演重要角色，通过提供资金支持并共享知识、技术与经验，推动可持续城市建设。

2. 联合国环境规划署在泰国的实践

面对可持续发展框架下的城市议题，联合国环境规划署通过可持续城市项目在全球范

[①] 根据联合国环境规划署亚太区域局代理局长伊莎贝拉·路易斯在"中国—东盟环境合作论坛（2016）"上的发言整理，有所删节。

围内推动一系列的地方行动，从不同地方的城市实践中积累和总结可持续城市的经验教训。然后，从实践层面上，重新聚焦到作为关键环节的城市规划体系，提出通过城市规划变革推动可持续城市化进程。

根据联合国环境规划署亚太办公室的统计数据显示，在泰国每年的废弃物生产量是非常大的，泰国每年由城市产生的废弃物总量已超过 53 亿吨，废弃物已成为泰国最重要的污染源之一。如果不能够进行很好的管理，垃圾污染将严重影响泰国人民的环境与健康。为了帮助泰国更好地解决上述问题，联合国环境规划署亚太办公室在泰国实施"为泰国提供综合废物解决方案"项目。此项目对泰国各种形式的废弃物进行有效管理，包括固体废物、污水废物等污染物。

联合国环境规划署亚太办公室通过实施上述项目，为泰国政府提供政策决策支持，推动泰国政府从法律、政策、金融与技术等多个层面开展改革。通过出台相关法律，完善环境管理政策措施，制定新的机制与融资方法，推广新的技术应用，吸引更多的人参与到治理废弃物的过程当中。在有效改善泰国环境状况的同时，亦积极支持和帮助泰国消除贫困。

此外，联合国环境规划署亚太办公室亦通过推广清洁能源、提高资源与土地的使用效率，推动环境可持续城市建设。在环境可持续城市建设上，联合国环境规划署亚太办公室确立了 4 项发展目标：①优化资源使用效率；②积极实施气候变化减排措施，提升应对气候变化的适应性；③提高对突发灾害的应急处置能力，增强对突发灾害的适应性；④提高污染治理能力，实现污染物零排放。

三、亚洲城市化发展背景下的城市新陈代谢[①]

1. 城市新陈代谢的概念内涵

近年来，城市和区域发展中出现的资源能源短缺、生态环境破坏、人类生存质量下降、经济增长质量不高等诸多问题的深层原因之一，在于城市生产面和消费面物质能量流交换的失衡，即城市存在新陈代谢失调的问题。因而客观认识城市新陈代谢的机制内涵，探索新陈代谢的提升模式，是研究城市可持续发展的核心，这对解决目前严峻的城市生态环境

---

①根据斯德哥尔摩环境研究所亚洲中心主任尼奥·奥康纳在"中国—东盟环境合作论坛（2016）"上的发言整理，有所删节。

问题，促进城市经济、社会、环境的可持续发展都具有重要意义。

城市新陈代谢，最初是源于生物学的概念，随后延伸至社会学、经济学与环境学等学科，用以解决人类社会与城市环境之间物质交换所衍生的系列问题。作为一个复杂的开放性有机耗散系统，城市新陈代谢指的是城市系统内资源和能源投入、吸收、生产、转化、排出的系统过程，其强调城市的资源能源投入产出效率，尤其是在对城市投入资源和能源的基础上，宏观经济产出和对系统废弃物的处理效果。

2. 斯德哥尔摩环境研究所在泰国的实践

斯德哥尔摩环境研究所（SEI）通过引入城市新陈代谢模型，探索世界不同城市经济社会活动中生产面（包括环境、能源、人力的投入等）和消费面（包括经济产出、污染物排放及居民福利共享等）所带来的影响，在帮助城市制定可持续发展政策的同时，致力于推动城市的可持续发展。其中，斯德哥尔摩环境研究所在泰国推动城市新陈代谢的有关经验值得借鉴。

像任何生命系统一样，城市也有自己的新陈代谢。城市内各经济单元需要不断有物质和能源的输入，再将其转化为可利用的形式，促进增长，同时也排放废弃物与污染物。这个过程可以看成是工业、商业、市政运行和生态环境之间的"新陈代谢"。以曼谷为例，随着人口的大量增加，曼谷地区的水资源使用量急剧增加，产生了一系列与水资源使用相关的问题，包括：用水不当引发的水资源污染问题、水资源使用量加大带来的水资源短缺问题、旧有管网结构无法应对暴雨季节下的洪水泛滥问题等。

表 2.3.1　曼谷水资源利用的主要问题

曼谷水资源利用的主要问题
洪水泛滥问题
因盐水侵入带来的水质问题
水源的可利用性问题
水管理体系的制度复杂性问题
水资源在传输过程中的高漏损率问题
气候变化对水资源的不确定性问题
人口快速增长带来的水资源使用问题
水资源使用不当带来的地面沉降问题
民众不愿承担固体废物和废水管理的成本问题

图 2.3.1　水资源评估与规划模型示意（WEAP）

为了帮助曼谷提高自身的新陈代谢效率，更好地应对上述挑战，斯德哥尔摩环境研究所启动基于城市新陈代谢分析的可持续城市规划决策支持系统，积极改善曼谷在水资源管理上的诸多问题。斯德哥尔摩环境研究所通过把握曼谷对水资源使用的各单元所贯穿的物质流和能量流特征，对曼谷水资源使用的现状进行分析；同时，设计并使用水资源评估与规划模型（Water Evaluation and Planning），对水资源使用进行科学化管理，包括有多少水资源可从曼谷当地取用、有多少水资源必须从曼谷之外取用等，更好地进行水资源的调配，保证曼谷在水资源使用上的可持续发展。此外，城市新陈代谢思想正逐渐纳入曼谷环境治理实践中的另一体现，即在有关规划中综合考虑资源投入、城市转型过程、废弃物排放和居民生活质量相互关系的新陈代谢，以及具体的资源节约型、环境友好型设施的设计等。

四、可再生城市及其建设经验[①]

1. 构建可再生城市：实现城市可持续发展的重要途径

近年来，在传统石化能源资源濒于枯竭以及气候变化问题日益突出的大背景下，新能

[①] 根据世界未来委员会理事斯蒂芬·舒瑞格在"中国—东盟环境合作论坛（2016）"上的发言整理，有所删节。

源与可再生能源城市建设日益引起国际社会关注。同时,随着上述变化的发生,城市的经济、社会、环境之间的联系日益复杂,因而政府对城市发展及时做出正确决策的难度越来越大。在这样的背景下,构建可再生城市,自然成为未来城市建设的重要选择之一。

可再生城市是一个稳定、协调与永续发展的自然和人工环境复合系统,其特点为经济发展、社会进步、生态保护三者高度和谐,技术和自然充分融合,城乡环境清洁、优美、舒适,能最大限度地发挥人类的创造力、生产力,推动城市可持续发展。在利用天然条件和人工手段创造健康、良好的居住环境的同时,应尽可能地控制和减少对自然环境的使用和破坏,充分利用可再生能源,在向大自然索取和回报大自然之间寻求合理的平衡点。

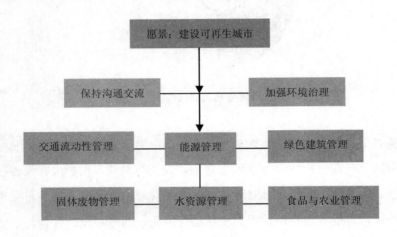

图 2.4.1　可再生城市建设路线

2. 加拿大可再生城市建设实践

面临经济结构调整对城市发展带来的重大影响,加拿大一直将可再生城市建设作为优先发展事项。其在城市交通、环境资源、生态建筑技术等方面积累了丰富的经验,在国际上处于领先地位,对城市可持续发展具有较大的借鉴意义。

(1)生物多样性保护方面的经验

城市生物栖息地,为城市中的动物与植物提供了生长所需要的自然环境,体现了人与其他生物之间的和谐关系,也可以为人类自身创造良好的居住环境,更有助于城市的可持续发展。以加拿大温哥华为例,温哥华重视对城市生物栖息地的建设与保护,在城市中保留着各种生物栖息地,在人们的日常生活中随处可见,体现了城市与环境相融的特色。此外,在温哥华,每个社区还有自己的公共绿地,居民可以近距离接触绿色空间、享受良好环境。

（2）能源使用方面的经验

温哥华重视推广可再生能源的使用。从前在温哥华的很多能源属于化石能源，现在则是大部分能源都属于可再生能源了。目前，温哥华所使用的能源当中，有 1/3 来自于可再生能源，主要是水能，这对于温哥华的交通、供热等状况都带来了很大的改变。同时，温哥华亦制订了一个新的能源使用计划，规定到 2050 年要 100%地实现使用可再生能源。

为了更好地实现上述新的能源使用计划，进一步提高能源使用效率，温哥华政府出台了相应的措施，优先在交通部门和建筑行业实施推广提高能源使用效率的新措施。

（3）垃圾处理方面的经验

加拿大政府十分注重资源的循环利用，同时加拿大的民众也认识到了个人生活方式的改变对环境保护所具有的重要意义。

自 20 世纪 70 年代起，温哥华居民开始组织他们自己的社区垃圾分类投放点，并与政府相配合，逐渐形成了现在一套方便易操作的"蓝箱子"（Blue Box）垃圾分类回收系统。同时，政府成立垃圾分类回收部门，专门负责相关工作。政府向每户市民提供印有可回收标志的蓝箱子。在多层住宅区，每幢楼或几幢楼之间还会有 4~5 个专门的大型垃圾桶。居民可根据每个垃圾桶旁边所附的图片说明，将不同类别的可回收垃圾扔到相应的垃圾桶里。一般分为纸张、塑料、普通玻璃和有色玻璃四类。政府会在每个星期的固定时间来收集。通过种种细微的努力，加拿大保护环境的理念已深深植入人们的心中。

第三章

中国—东盟环境技术合作与创新[①]

一、中国"十三五"环保产业发展及与东盟合作展望[②]

中国政府高度重视环境保护，把环境保护确立为基本国策，支持可持续发展国家战略，努力破解经济发展与环境保护之间的矛盾，加快推进生态文明建设，生态环境保护取得了明显的成效。近年来，中国政府把生态文明建设和环境保护摆上了更加重要的战略位置，我国做出了一系列重大决策部署。2016年3月，我国发布的《国民经济和社会发展第十三个五年规划纲要》提出：实施创新驱动发展战略，发挥科技创新在全面创新中的支撑和引领作用。8月，国务院印发《"十三五"国家科技创新规划》，也明确提出在"十三五"期间，国家自主创新能力要全面提升，科技创新支撑引领作用要显著增强，要发展生态环保技术，以提供重大环境问题系统性解决方案和发展环保高新技术产业体系为目标，形成源头控制、清洁生产、末端治理和生态环境修复的成套技术。

"十三五"期间，我国环保科技创新工作要紧紧围绕实施国家"十三五"规划纲要和《创新驱动发展战略纲要》，在环境保护科技领域要继续组织实施好水专项，加快构建流域水环境治理技术体系，流域水环境管理技术体系和饮用水安全保障技术体系，大力推动先进成熟的技术和装备在其他领域的推广运用，全面支撑水污染防治行动计划的实施。加快大气污染成因和控制技术重点专项、清洁空气研究计划等，以启动项目的成果应用切实支撑《大气污染防治行动计划》。同时，还将大力推动环境综合治理科技重大工程，以及土壤污染防治、地下水污染防治、废物和有毒有害化学品管理、核与辐射安全等重点专项的

[①] 本章内容由奚旺整理编写。
[②] 根据环境保护部科技标准司副司长刘志全在"中国—东盟环境合作论坛——环境技术合作与创新"上的发言整理，有所删节。

立项工作。另外要在水环境模拟、城市水环境治理与水体修复、高含盐工业废水处理与资源化、高氨氮废水处理、空气污染预警预报、挥发性有机污染物控制、机动车排气污染控制、农田土壤污染防控修复、重金属污染场地修复、地下水污染分解预警、危险废物全过程控制等重点方向，推动建立以环境质量改善为核心的环保科技创新体系，作为战略性新兴产业之首的环保产业，肩负着为改善环境服务、拉动经济增长、促进结构转型的重大使命，在国家发展中的战略地位必将进一步提升。"十三五"期间，环保部门将进一步加大力度推动环保产业的健康发展。

第一，推动完善相关制度法律法规和制度建设，包括已经实施新修订的《环境保护法》、《大气污染防治法》，以及正在修订的《水污染防治法》《土壤污染防治法》。另外，还有很多环境保护制度的改革，包括一些体制机制的创新，应该说在2016年全面推开各项制度，各项政策的出台非常密集。另外加大对市场执法的力度，包括考核地方政府和督察地方政府，全面加强推进环境保护的各方面工作。同时，加强对标准的全面评估修订，特别是对工业行业的污染物排放标准全面进行提升，加严和增加相关的指标。

第二，加强科技的支撑和引领作用，建立以环境质量改善为核心的环保科技创新体系，现在全面加强支持各个方面的科技专项，目前国家已经启动的是重大水污染防治专项，已经启动大气污染成因分析和控制的专项，马上还要启动的是脆弱生态生态区恢复方面的专项、土壤和地下水污染防治的专项科技支撑方面，包括后面有化学品的专项，已经逐渐提到了议事日程。通过启动一批科技专项，围绕环境治理领域的瓶颈制约，提供系统性的技术解决方案。

第三，完善市场环境，支持环保产业发展，推动形成有利于环保产业发展的投融资环境，通过信贷服务、排污权、收费权、特许经营权、环境污染第三方治理、股权与债券融资、环保产业投资基金等市场渠道，为环保产业发展提供更好的综合经营服务，拓宽政府环境服务的供给渠道，结合国务院下发的《环境污染第三方治理指导意见》，积极推动各级政府购买环境服务，完善环境服务合同各方责权的制度保障，充分发挥市场配制资源的作用，激发市场主体活力，同时重视市场规范化建设，避免市场结构性产能过剩、低价竞争等问题，引导规范环保市场的健康发展。

2013年，中国国家主席习近平提出共建丝绸之路经济带和21世纪海上丝绸之路战略，得到东盟各国高度关注，环保产业合作与技术交流一直是中国与东盟环境合作的重点领域，中国—东盟环保技术合作与创新分论坛及技术展为共同推动环保产业发展和可持续发展提供了重要的平台，在此，提三点希望和建议：

第一，落实好中国—东盟环保技术与产业合作的框架，共同推动中国—东盟环保技术和产业合作网络平台的建设，以及示范基地的建设工作。

第二，全面加强中国与东盟各国环保技术标准的交流。目前，中国经历了工业化发展过程中的各种污染，积累了大量的治理污染的经验、技术及成套的服务。所以我感觉到中国的环保企业，不仅仅是有技术，而且积累了大量的资本，从市场上、社会上积累了大量的金融资本，然后共同参与到这其中，这样才能够把我们的环境问题解决，如果有技术没资金就解决不了，所以要技术、资金、法规、政策、人才几个配套才能够解决问题，我想这方面中国做了很多方面的探索。因此环保产业"走出去"需要加大步伐，加强与东盟国家在环保技术、标准、政策、培训和服务模式等方面进行交流和合作。

第三，环保企业要抓住现在的发展机遇，努力提升环境的综合服务能力。坚持科技创新和业态创新，逐步建立健全以企业为核心、产学研用相结合的污染防治科技创新体系，全面提升环保产业技术装备与服务的整体水平，促进环保产业由传统的以装备制造业为主，逐步向以服务业为龙头的转型升级。

二、广西环保产业发展及与东盟合作展望[①]

依托科技创新谋求发展已成为当今的主流，尤其在生态环境保护方面，面对资源短缺、环境恶化的压力与挑战，加大科技创新力度、加强区域合作是我们实现可持续发展的必然选择。中国新《环境保护法》及"大气十条"、"水十条"等法律法规的实施，都为环境质量的改善、绿色产业的发展以及环保技术的创新，提供了强有力的法律依据和政策保障。广西属于后发展、欠发达地区，走代价小、排放低、效益好、可持续的绿色发展之路才是明智之举。近年来广西在突发事件应急、环境质量改善、节能减排、技术研究与创新等方面都进行了一些探索，也取得了一些成绩，例如开展北部湾区域重大环境突发性污染事件应急技术开发与示范，环江土壤污染修复项目等重大专项课题，开展广西碧海行动计划等水资源可持续利用基础研究、水环境和大气环境主要污染物容量研究等，制订并公布了广西首个污染物排放标准，甘蔗制糖工业水污染物排放标准及广西首个海洋地方环保标准，海水、池塘养殖清洁生产标准。广西木薯淀粉清洁生产技术示范项目，成为联合国工业发展组织资源高效利用和清洁生产的示范，获得了广泛的关注，制糖企业综合循环利用

---

① 根据广西壮族自治区环境保护厅副厅长欧波在"中国—东盟环境合作论坛——环境技术合作与创新"上的发言整理，有所删节。

引领我国先进水平。

2016年是我国"十三五"规划实施的第一年，广西也将生态环保事业的发展提到一个新的高度，通过开拓工作思路和工作方式，开启了全面治污的新征程。一是开展专业查污，对存在的环境问题进行全方位的深入分析，加强治污的专业指导。二是启动专业控污，启动一批行动计划和项目，对污染源实施精准控制。三是主动帮企减污，通过技术改造升级，推动绿色产业发展，从源头上减轻环境压力。四是强化督政治污，通过创新环境监管模式，由单纯的督企向综合督政转变，层层传导压力，逐级落实责任，切实提高治污成效，消除环境安全隐患。五是严格依法惩污，通过进一步整合和规范联合执法，以打击恶意违法排污行为和弄虚作假行为为重点，依法严厉查处环境违法行为，倒逼企业依法排污，自觉治污。六是借助公众评污，通过完善各种向外公布环境质量状况、环保工作动态的成效，以及让公众实时了解环境质量状况和参与环境治理、管理的方式和手段，凝聚社会各界力量，共同推进环保事业的发展。

广西与东盟国家已经合作多年，在很多领域已经建立起很多较为成熟的合作模式和渠道，在南宁已经建立了诸多领域的合作基地，有着良好的合作基础，同时在环保合作领域，广西一些龙头企业已经与东盟国家开展了一些合作，在资本运作、产学研结合、供应链管理、本土化优势利用等方面已经开始发挥作用，在此良好基础上，我们可以构思以下广西与东盟在环保合作方面的美好愿景：

第一，共同参与中国—东盟环保技术交流合作基地的建设。加快推进建成中国与东盟国家之间环保技术与产业合作的基建平台，开展环保技术的研发、产品展示和认证、人员培训和交流、环保商务和贸易等活动，不断满足中国与东盟在环保方面的产品贸易、工程服务、原材料生产、技术与人才交流、资本流动等相互需求。

第二，加强广西与东盟环保创新能力建设和创新型人才培养的交流与合作。广西与东盟多数国家的工业化进程同处于以资源性产业为主的发展阶段，面临不少相同的环境污染问题，对节能减排、清洁生产、污染治理、清洁能源利用等技术具有相同的需求，广西愿意与东盟国家在环保技术创新和环保产品研发、科研队伍建设及人才培养等方面加强合作，继续深入开展先进适用的环保技术和环保产品的研发和推广。

第三，拓宽环保合作领域，借助中国—东盟环保技术交流合作基地的良好合作平台，广西愿意在原有的环保合作领域外，进一步和东盟国家在废水、废气、固体废物治理运营、城镇环境基础设施建设、资源循环利用与废弃物回收综合利用、环保设备和环保材料生产、环境监测、保护生态环境等领域深入开展合作，共同开拓环保产业市场。

三、中国—东盟环保产业合作及展望①

"中国—东盟环境合作论坛——环境技术合作与创新"是由中国—东盟环境保护合作中心和广西壮族自治区环保厅共同举办的,旨在国内外同行增进交流,分享环保理念和技术,推动区域环保产业界之间的技术展示、对接和信息交流。我简要介绍一下中国—东盟环境保护合作中心在推动中国和东盟各国开展环保技术交流产业合作等方面所做出的工作。

第一,中国—东盟的环保合作始于 2003 年,首先是基于互相的政策对话以及信息交流。2009 年,在东盟国家的支持下,中国—东盟环境保护合作中心制订了《中国—东盟环保合作战略》,环保产业是非常重要的领域。为了进一步推动环保产业方面的合作,2012 年我们又和东盟国家共同商议制订了《中国—东盟环保技术和产业合作框架》,在环保产业领域的合作更具有战略性。

在合作框架指导下,开展了一系列的具体合作。首先是推动环保领域的人员交流和技术信息的共享,为了推动环保领域人员的交流,实施了中国—东盟绿色使者计划,积极推动中国和东盟国家在环保能力建设方面的交流和合作,促进环保技术的交流和分享。截止到 2016 年 8 月,已经成功举办了 14 次研讨班,超过 250 多名东盟国家的环境官员、青年学者以及企业人员参加了培训班。2016 年,结合"一带一路"的倡议,我们又启动了海上丝绸之路绿色使者计划,将面向包括东盟各国在内的 21 世纪海上丝绸之路的所有沿线国家。

第二,建设中国—东盟环保产业和技术交流合作平台。2014 年,中国—东盟环保产业技术合作示范基地在江苏宜兴正式启动。2016 年 4 月,环保部和深圳市人民政府签署了《共建"一带一路"环保技术交流与转移中心的合作框架协议》。同时,还和包括粤桂特别合作试验区在内的合作伙伴共同促进中国—东盟环保技术和产业合作。未来,我们将继续积极推动环保技术的联合研发,促进适用性环保技术的交流转移,探索环保产业创新的发展模式,从而服务于区域的绿色发展。

第三,建设中国—东盟产业合作的网络平台。为了推动环保产业交流的网络化和数字化,正在积极建设环保产业合作的网络平台,提供环保产品的信息展示、市场分析以及需求发布等服务。同时,绿色使者计划、环境技术的知识共享平台建设也在积极的推进中。

---

①根据中国—东盟环境保护合作中心副主任张洁清在"中国—东盟环境合作论坛——环境技术合作与创新"上的发言整理,有所删节。

通过这些平台的建设，希望利用互联网时代的新媒体传播技术，能够更好地分享区域发展的经验和成果，共同推动区域内环境治理的改善。在这个基础上，我们也在积极探索环保企业和国际合作的新模式，在全球绿色发展趋势下，我们也在积极开展绿色金融、绿色供应链管理等领域的迁延性基础研究工作，积极探索推动环保产业国际合作的新模式、新路径。2016年7月，我们组织召开了"一带一路"绿色金融和环保产业国际合作研讨会，以及中国—东盟可持续发展与实践的高级研讨班，与东盟国家代表共同探索绿色金融可持续消费和生产等领域的创新实践，各位专家在会上共同探讨了绿色金融如何推进环保产业的发展、如何推进国际环保产业的合作，取得了很好的效果。

未来，我们还将进一步发挥绿色使者计划的作用，加强中国和东盟各国在环保产业信息领域的交流和合作。在加强区域环保能力建设的同时，加强环保产业界产学研相关人员的交流，促进实用型环保技术的交流和转移。我们还将加强产业合作网络建设，促进产业信息的互联互通，分享产业促进政策以及相关的法律法规和标准。我们真诚邀请东盟各国积极地参与到环保产业合作的网络建设中，加强合作需求的交流，促进产业的信息分享，共同推进产业链上下游企业的合作。同时，我们还希望未来能够依托东盟国家的工业园区，共同建设中国—东盟环保技术和产业合作的示范基地，开展相关设备、产品、技术的研发和转移，进行企业环保能力的培训，推动环保制度标准的完善，从而提升整个区域环保产业发展的水平。

四、越南环境发展战略及合作机遇①

越南自从建立中国—东盟环境保护合作关系之后，环境保护合作也取得了非常多的成就。越南积极支持区域经济和环境方面的发展，同时也帮助越南进一步加强了中国和东盟之间的理解，以及加强了越南和中国之间的友谊和关系。中国的经济和社会发展是非常令人注目的，目前环境保护也成为了中国—东盟合作之中的一项重要内容，环境技术以及创新已经成为非常重要的合作领域，这也是《中国—东盟环境保护战略（2016—2020）》提出的重要内容。

越南积极制订了环境保护方面的 2016—2020 年计划，包括环境政策、生态多样性、环境友好技术、环保产业、联合研究、能力建设等，其中环境技术转移和生物多样性保护

---

①根据越南自然资源环境管理总局副司长阮德东在"中国—东盟环境合作论坛——环境技术合作与创新"上的发言整理，有所删节。

将成为 2016—2020 年中国—东盟环境保护当中的重要内容。越南同样经历了城市化和工业化，以及对自然资源的过度消耗，这些都成为了严重的问题，需要我们制定相应的政策来实现环境保护和经济发展之间的平衡。目前，越南政府也出台了一系列政策去促进环保产业和技术的发展，如 2012 年制定了由总理批准的可持续发展战略和规划，其中一个重点领域是要识别清洁生产技术，这样才能够提高效益，以及提高自然资源、能源、水资源的使用效率，降低污染，提高环境质量，实现可持续发展。2012 年，越南出台了国家环境保护战略，这是一个 2020—2030 年的愿景战略，这个战略提出后，越南已经制定了可持续消费和生产战略规划。

作为东盟成员国之一，越南将会继续与中国和其他东盟国家进行合作，特别是在环保产业、技术等方面将会继续进行合作，并且继续执行现有的合作框架，推行环境技术以及环保产业的发展，我们将会加强互相的沟通和交流，加强人才交流和合作，以及利用其他的合作机制来开展可持续生产和消费合作。

五、搭建环保产业合作平台，展望中国—东盟环保务实合作[①]

2016 年是中国和东盟建立面向和平与繁荣的战略合作伙伴关系 13 周年，"一带一路"和国家珠江西江经济带规划建设为中国和东盟环境合作提供了良好的合作基础和广阔的市场前景。"一带一路"汇集了中国大西南开发、泛北部湾开放合作、东部泛珠三角先行先试的政策和珠江西江经济带流域协同发展等相应的国家战略和政策支持。珠江西江经济带核心区重点打造面向东盟开放开发的国际区域经济合作新高点、东西部流域及省级合作的示范区，粤桂合作特别试验区正好处于"三圈一带"的交汇节点。

在 21 世纪海上丝绸之路的区域空间上，中国与东盟之间既有陆地接壤又有海上通道，面向东盟，背靠西南、中南、华南经济腹地，连接珠江三角洲和港澳地区，提供了生态环境和产业经济融合发展的中国—东盟和国际国内市场。独特的区位政策、产业的交融汇合使粤桂合作特别试验区，可以为中国与东盟各国环保技术转移和产业创新合作发展提供先行先试的示范载体和平台。创新的模式、机制、政策将助推中国和东盟国家环境保护合作开创新的局面，将以先行者实践出可复制、可推广的跨区域经济与环境保护融合发展的生动样板，提供技术转移引领和创新合作发展的粤桂方案。

[①] 根据广西梧州粤桂合作特别试验区管委会主任徐文伟在"中国—东盟环境合作论坛——环境技术合作与创新"上的发言整理，有所删节。

粤桂特别合作试验区作为中国目前唯一横跨东西部的省区流域合作特区，由广东、广西两省区共同建设，位于广东肇庆市和广西梧州市，沿西江两岸交界处，面积140平方公里，地处"三圈一带"的交汇节点和"21世纪海上丝绸之路"和西南、中南、华南"三南"开放发展战略支撑带的重要节点，在吸引环保产业聚集方面有着独特的地缘优势。试验区按照"绿色、低碳、智慧"的规划理念，重点发展战略新兴产业、传统资源型产业以及现代服务业，着力建设产业转移、承接与提升基地、战略性新兴产业培育与发展基地、区域性现代服务业基地。试验区在体制和政策顶层设计中采用两省区领导，市为主体，独立运营，统一规划，合作共建，利益共享，以及东西部及两广政策叠加，择优选用，先行先试和市场化运作合力发展的创新模式，实现区域体制一体化、机制同城化、政策特区化发展，有利于创新探索区域协调发展，与环境体制、政策的和谐性和创新性。

2013年10月，国务院总理李克强在第16次中国—东盟"10+1"领导人峰会上提出建设中国—东盟环保技术与产业合作交流示范基地，是国家"一带一路"环保技术和产业国际合作的重要平台。推动在粤桂合作特别试验区建设与东盟国家的环保技术和产业合作交流示范基地，是广西重点生态园区梧州生态园的重要组成部分。

第一，示范基地的独特优势。示范基地建在粤桂合作特别试验区内，具有东西部及两广政策叠加的政策支持，是国家多个区域政策的叠加区，有利于环保产业聚集发展和交流合作，也有利于吸引环保技术人才，有利于形成环保产业"走出去""引进来"的大平台。示范基地在珠三角和北部湾三小时经济圈内具有承接珠三角技术研发、咨询服务和装备制造等完整环保产业发展体系，以及与东盟市场全面对接的最佳条件和核心竞争力。同时梧州市是国家森林城市、园林城市、循环经济示范城市、新能源示范城市、城市矿产示范基地、再生资源回收体系试点城市和可再生能源建筑应用示范城市，有着成熟的产业基础以及强烈的生态信仰，有利于环保产业技术转移孵化、转化、创新及展示环保产业发展的良好形象。

第二，示范基地的规划布局。示范基地总体布局遵循"递次布局、一核三区"的原则，规划空间布局，计划用5～10年的时间投资约70亿元，建成1.5平方公里的示范基地，形成年产值300亿元以上、创税12亿元以上的国际知名环保产业合作交流中心研发基地、环保产业服务基地、国家环保产业面向东盟的总部基地，实现环保产业技术孵化、转化、展示等功能，重点与东盟国家在环保技术协同创新、产业合作发展、能源能力建设等方面先行先试，探索我国与"一带一路"沿线重点国家开展环保技术与产业合作新思想、新路径，为我国环保产业"走出去""引进来"提供可借鉴经验的粤桂方案。

第三，示范基地建设内容。一是建设环保创新合作基础平台，围绕建设环保合作金融中心、环保合作研究基金会、低碳交易中心、环境贸易服务中心，为东盟各国提供国内市场服务，为中国企业"走出去"提供资金、咨询、贸易、信息、政策法规等综合服务；二是搭建环保人才培养交流与技术开发平台，服务并支撑环境保护科学决策，监督管理和科技创新，为企业提供人才培训和产业技术展示交流的服务。三是建立环保企业孵化与产业培育平台，主要建成环保企业的孵化器、低碳节能产业物流中心和环保材料药剂超市，完善园区环保配套和治理解决方案以及物流体系。四是建设环保装备制造与产业展示平台及产业壮大平台，主要进行健康、洁净装备制造，环保监测设备制造，矿产品开采及加工业环保设备制造，低碳节能装备制造，形成节能环保装备制造产业聚集。五是建设中央核心区环境展示馆、国际会议中心、双创中心，进而成为中国—东盟地区最大的绿色建筑、绿色节能建筑中心和环境技术展示中心以及国际会议交流中心。

第四，创新合作发展。未来期待与东盟各国环保企业研发机构和官方管理机构密切合作，共建环境保护合作发展平台，在环保产业资源整合和投资促进、基础设施建设、环保技术咨询和服务、环境信息共享、环境技术研发和交流、人员培训和技术协作网络平台建设等方面开展深度合作。预期示范基地建成后，将利用国际国内两个市场、两种资源，通过加强环保产业国际化发展载体建设，展示区域环境保护先进技术，推动产业交流与合作，聚集区域资源优势，提高技术创新能力，发展和壮大环保装备产业集群，培育和扶持环境服务产业集群。

六、构建区域环保产业合作平台——澳门的国际环保合作发展[①]

1999年10月20日，澳门成为中华人民共和国的一个特别行政区，基本法从此开始实施，按照"一国两制"的方针，澳门特区实行高度自治。澳门位于珠江三角洲，比邻广东省和香港，2015年年底绿地面积是30.4平方公里，海域面积是85平方公里，居住人口65万，人均生产总值约72 000美元。

澳门以世界旅游休闲中心为发展定位，特区政府以融入区域合作、推动经济适度多元化，开展一个中心、一个平台建设，确保可持续发展。澳门环境保护规划（2010—2020年）以构建低碳澳门、共创绿色生活为规划愿景。2001年，澳门首次举办可持续发展与环保产

---

① 根据澳门特别行政区环境保护局副局长黄蔓葒在"中国—东盟环境合作论坛——环境技术合作与创新"上的发言整理，有所删节。

业国际研讨会；2004 年，完成了澳门环保产业发展的政策研究；2005 年，举办了两岸四地的环保科技与产业论坛。自 2008 年起，每年由澳门特别行政区政府主办、泛珠三角省区政府协办澳门国际环保合作发展论坛和展览。2011 年，澳门国际环保产业展览会成为全球展览业的认证展会，主要包括绿色展览、绿色论坛、绿色配对、绿色晚宴、交流活动、技术参观等，是一个高层次多方参与的国际展会。

2016 年，澳门国际环保合作发展论坛及展览邀请国家发展和改革委员会、科学技术部以及环境保护部作为特邀支持单位，以"关注环保、亲近自然、分享落户"为理念，推动澳门作为一个环保产业的平台，促进泛珠三角地区与国际市场的交流合作。2016 年活动出席人数已经超过 9 000 人，展览面积已经超过 16 000 平方米。同时，每年除了环保展以外，在推动环保发展方面，我们也有一个环保与节能基金，鼓励一些企业购买环保产品。在公共部门方面，我们也有公共部门的环保采购指引，制订一些环保产品的环保规格建议，去推动环保采购。在宣传教育方面，我们也通过培训讲座和公共参与环保展的活动来推动环保产业的发展。未来，我们将会继续重点发挥好澳门国际环保合作发展论坛和展览的平台作用，推进澳门、泛珠三角和海外环保产业领域的合作交流。

第四章

全球 2030 年可持续发展议程与区域行动[①]

一、实现可持续发展目标的挑战与行动：联合国视角[②]

2015 年 9 月，联合国可持续发展峰会在纽约联合国总部召开，在这次历史性的首脑会议上，来自 193 个会员国的领导人一致通过了颇具变革性的《2030 年可持续发展议程》。这一新议程已于 2016 年 1 月 1 日正式启动，包含 17 项可持续发展目标（SDGs）和 169 项具体目标，涵盖社会、经济和环境，以及与和平、正义和高效机构相关的重要领域。新议程的通过将推动世界在今后 15 年内实现 3 个史无前例的非凡创举——消除极端贫困、战胜不平等和不公正及遏制气候变化。这是一项惠及世界各个国家人民的伟大目标，正如联合国秘书长潘基文指出："这 17 项可持续发展目标是人类的共同愿景，也是世界各国领导人与各国人民之间达成的社会契约。它们既是一份造福人类和地球的行动清单，也是谋求取得成功的一幅蓝图。"[③]

1. 全球环境挑战及应对努力

一直以来，我们的发展模式过多地关注经济增长，这种增长模式是以环境退化为惨痛代价的，我们甚至始终抱着资源取之不尽、用之不竭，浪费和污染不会带来任何成本的心态。随着世界经济不断发展，现代化进程不断加快，人类对于自然已经越来越迟钝，以至于到了威胁我们自身生存以及后代生存的地步。

2011 年全球的二氧化碳排放总量是 1960 年的 3.6 倍之多。2012 年的温室气体排放总

[①] 本章内容由李盼文整理编写。
[②] 根据联合国环境规划署亚太区域局代理局长伊莎贝拉·路易斯在"中国—东盟环境合作论坛（2016）"分论坛二："实现 2030 年可持续发展议程的环境目标"上的发言整理，有所删节。
[③] 联合国秘书长潘基文讲话：http://www.un.org/chinese/News/story.asp?NewsID=25387。

量是 1970 年的两倍之多①。全球的森林覆盖率持续下降，导致 1880 年以来全球平均气温上升 0.87℃。北冰洋的冰盖正在以每 10 年 13.4% 的速度持续融化，导致每年全球海平面上升 3.5 毫米，20 世纪共上升了 17 厘米。气候变化已经并且将持续对人类和生态系统产生严峻的、普遍的、不可逆的影响。据测算，2013 年，单由气候变化引起的经济损失就超过 1 920 亿美元。如果不转变发展路径，到 2030 年，人类的资源需求将是地球现有资源的 3 倍。

在认识到环境问题的严峻性后，国际社会开始齐心协力采取行动应对环境难题，这就诞生了可持续发展目标。17 个目标中有一半以上都与环境、自然资源相关，超过 86 个子目标与环境可持续性相关。

在全球共识的基础上，环境成为国际发展议程的中心要素。2016 年 5 月，193 个联合国成员国在联合国环境大会上通过了 25 项解决措施，号召世界各国共同严肃应对我们面临的环境挑战。这些关键的措施包括：支持巴黎协定、实现 2030 可持续发展议程、定期召开环境部长级会议、实施"萨摩亚路径"等。同样，在可持续发展年度高层政治论坛上，与环境相关的可持续发展目标（目标 6、目标 7、目标 11、目标 12、目标 13、目标 14、目标 15）将在未来继续探讨。

2. 区域环境挑战及应对努力（中国、东盟地区）

自《2030 年可持续发展议程》通过以来，世界各国都在实现可持续发展目标方面迈出了坚定的步伐，包括积极制定可持续发展政策、调整国家社会经济发展路线等。中国和东盟国家已经深深感受到了环境退化带来的威胁。例如，曼谷、广州、胡志明市、马尼拉、上海和仰光这样的大型城市均属低洼或滨海城市，面对气候变化的影响——海平面上升、洪水等，是高度脆弱的。亚太地区的滨海红树林有 60% 因发展需求而被砍伐，80% 的珊瑚礁面临死亡威胁。在北京，1998—2013 年，机动车数量增加了 3 倍，使汽车尾气成为主要的空气污染源。同时，亚太地区的城市固废将在 2030 年增加到 14 亿吨。

2015 年 5 月召开的第一届亚太部长和环境局论坛就是区域应对环境挑战的积极举措之一。该论坛呼吁亚太地区制定共同的环境议程，以增强复原力，远离碳密集型发展，使经济增长与密集的资源使用和污染脱钩。确保公平享有自然资源，改善法律法规，解决亚太地区日益严峻的化学品和废物问题，控制空气污染。

---

① 世界银行的气候变化数据：http://data.worldbank.org/topic/climate-change。

亚洲及太平洋地区经济与社会委员会（简称"亚太经社会"）每年会召开亚太可持续发展论坛（APFSD）。2016年，该论坛确定了亚太地区实现2030年可持续发展议程的优先领域，包括基础服务、金融、贸易和私营部门的参与等。

3. 中国、东盟对可持续挑战的应对政策

在此区域层面，中国和东盟都在积极采取措施应对环境挑战。中国作为世界上第二大经济体以及亚洲最大的新兴国家，正在施行包容性绿色经济并实施可持续发展目标。生态文明、"十三五"规划、"一带一路"倡议等无不体现了中国践行可持续发展的决心。在亚洲基础设施投资银行（AIIB）、丝路基金以及南南合作基金的支持下，中国也在开发很多项目促进可持续发展。并且，刚刚结束的G20峰会，中国为世界展示了卓有成效的绿色可持续发展方案。

东盟在其成员国之间促进环境合作，主要涉及以下重点领域：促进城市生活质量、促进海洋和滨海资源的可持续利用、应对气候变化、森林火灾和跨界烟霾污染（东盟跨界烟霾污染协定）。另外，东盟发布了《东盟2025：携手前行》愿景文件，以及《东盟环境战略行动计划》（ASPEN），在这两个文件的框架下，东盟将进一步约束资源浪费和环境污染，实现可持续发展蓝图。

在国家层面，东盟成员国已通过了绿色经济和绿色增长政策。这其中包括越南新经济模型、绿色增长战略、越南自然资源核算体系、印度尼西亚包容性绿色增长计划等。泰国也发展了新型替代能源发展规划（2015—2036）、能源发展规划（2015—2046）以及能源效率发展规划来保障能源安全、保护生态。亚洲开发银行也制订了绿色城市行动计划（2014），通过适度城市发展建立可持续的宜居城市。

4. 联合国环境规划署助力中国、东盟应对环境挑战

联合国环境规划署（UNEP）亚太区域办公室一直为中国和东盟国家可持续发展目标中的环境目标提供支持。

联合国与东盟的合作起始于20世纪70年代，并在双方的共同努力下不断加强。最近，东盟和联合国通过了东盟—联合国环境及气候变化行动计划（2016—2020），这将有助于在东南亚地区尽快落实可持续发展目标中的环境目标。

在城市适应气候变化方面，UNEP 在柬埔寨、老挝和缅甸的 5 个城市应用了基于生态系统的适应措施（EbA），旨在通过运用适应政策提高城市地区的气候弹性，这一适应政策充分考虑了生物多样性和生态系统服务。在柬埔寨，UNEP 协助沿海地区保护红树林湿地，以减少海岸侵蚀并保护硬基础设施免遭风暴破坏。在老挝，UNEP 帮助当地开展水域生态修复，来缓解当地社区和基础设施遭受洪水侵害的情况，并提升水质和水的可得性。在缅甸，UNEP 帮助政府在多塔瓦底江流域种植树木作为抵御洪水的天然屏障，并提高生物多样性和植被覆盖率。

UNEP 通过一项十年框架项目鼓励运用可持续标准进行投资以及政府采购。为推动这一项目的实施，UNEP 定期举办可持续生产消费圆桌会，收到很好的效果。同时，作为东亚酸沉降监测网络（EANET）、亚太气候变化适应网络（APAN）、亚太清洁空气伙伴关系（APCAP）等的合作网络的秘书处，UNEP 一直在提升区域空气质量和应对气候变化方面做出不断的努力。

在可持续发展目标建立之前，数据评估就已成为一个非常迫切的需求，只有建立了信息分享的顺畅网络，才能真实反映各地区的环境状况。议程中的 17 个目标和 169 个分目标，需要用相应的指标来进行评估。在国家层面和区域层面上，UNEP 为一些国家提供支持，帮助其实现可持续发展目标。同时，UNEP 还对国家可持续发展有关部门进行培训。UNEP 致力于将不同数据整合起来，形成新资源，让数据为可持续发展提供有力支撑，供世界各地的决策者进行可持续发展规划和政策制定，包括金融数据、经济数据、生物多样性数据、环境质量数据等。UNEP 看重数据资源的重要性，希望能够利用这些资源，进行各种培训。同时，日、韩等国也提供了诸多支持，为数据的评估提供更多能力建设。UNEP 在 2016 年 6 月召开会议对数据进行审议、分析，各国对数据共享情况进行介绍，包括数据质量、数据收集情况、数据分享所面临的不同挑战等。

目前，部分国家已经建立了完善的五年计划，还有一些国家是将数据分享整合到经济发展计划中，或建立了可持续发展规划，但并非所有国家都考虑到如何建立数据共享机制。蒙古国正在积极实践可持续发展，将可持续发展目标融入国家发展计划中。很多数据都可以从不同的机构中获得，但通过评估发现，缺失可持续生产和消费的数据（可持续发展目标 12）。因此，UNEP 协助蒙古国制定和开发可持续生产消费指标，并推动在国家战略和愿景文件中充分考虑可持续发展目标。

亚太地区其他国家也在讨论建立各自的符合国情的可持续发展目标。例如，柬埔寨正在积极考虑如何切实解决可持续发展问题，以便在迫切实现经济腾飞的同时，充分注重对宝贵的自然环境的保护，以及对自然资源的可持续利用。柬埔寨已计划将可持续发展目标融合到国家发展规划当中，体现了实践可持续发展的决心。

可持续发展目标实际上是一个不可分割的整体。不同的子目标涉及不同的领域：经济、社会、环境、健康、公正等，不同部门负责实现不同的可持续发展目标，但这一过程需要各部门之间的相互的协调协作，因为 17 个可持续发展目标互相关联、不可孤立，应整体考虑可持续发展目标的实现，而不是选择性地实现。

另外，可持续发展目标的实现需要稳定的资金保障，这就要求从初期开始，就要鼓励财政部门参与到这项工作中，举全国之力为这一伟大而艰巨的任务提供支持。例如老挝为了完善可持续发展资金制度，专门从国内财政中划拨出可持续发展基金，大大改善了以往仅依靠外界资金支持而难以持续进行可持续发展改革的局面，也体现了老挝在实现可持续发展目标上的决心。

可持续发展目标涉及多方利益相关者，包括政府部门、非政府组织以及私营部门。其中，私营部门的作用十分重要，既是政策实施的主体，也能为目标的实现提供各种各样的资源，因此我们需要了解如何使私营部门更多地参与到可持续发展工作中，对政府在实现可持续发展目标方面给予支持。一直以来，我们或多或少地限制和妨碍了私营部门在可持续发展领域的投资，当下，我们应当制定更加开放的框架、政策，吸引私营部门进行更多投资。UNEP 鼓励各国政府组织可持续发展论坛，把各方利益相关者和专家学者聚在一起讨论可持续发展的目标，共享知识和进展，齐心解决困难和挑战。

可持续发展目标并不是独立于其他多边协定而存在的，像气候变化的《巴黎协定》等都会为可持续发展目标的实现助一臂之力。而问题在于，目前正在实施的多边协定不在少数，如何发挥协同效力才是关键。联合国每年都会进行讨论，对全球可持续发展的工作进展进行梳理，不断调整方法以更高效地朝着可持续发展目标迈进。联合国希望，借助中国—东盟环境合作论坛的平台，能进一步来讨论一下我们在实现可持续发展目标方面的工作步骤和计划。联合国已经与东盟很多国家签订了谅解备忘录，希望能够对可持续发展目标的实现提供更进一步的支持。

最近，联合国发布了《全球环境展望 6》亚太区域评估报告，并对该区域给出了以下政策建议：实施低碳发展战略，提高资源效率，以转向包容性绿色经济发展模式；保护并提高自然资本和生态系统整体性，建立应对自然灾害和极端气候事件的弹性；应对环境健康风险；加强环境治理；加强区域/国际环境合作。

联合国对推动全球可持续发展目标的实现做出了不断的努力，也取得了令人欣喜的成绩。面对未来，我们应凝聚共识，强化区域合作，推动亚太地区可持续发展目标的实现。一直以来，联合国环境规划署对区域合作的支持和重视，以及区域各国在环境领域方面的努力，为亚太区域的环境改善做出了巨大贡献。未来应进一步加强与联合国环境规划署的合作，迎接挑战，激发区域更多的活力！

二、实现可持续发展目标的挑战与行动：中国视角[①]

1. 中国实现 2030 年可持续发展目标的进展

2016 年，中国针对实现 2030 年可持续发展目标建立了部际协作机制。由外交部牵头，43 个不同部委参与，形成非常庞大的机制安排。在所有的部委当中，环保部以及发改委是重要的参与者。

2016 年，二十国集团领导人峰会首次在中国举行，峰会就推动世界经济增长达成"杭州共识"，为构建创新、活力、联动、包容的世界经济描绘了愿景。峰会共同承诺积极落实《2030 年可持续发展议程》，并制定了行动计划。2016 年 9 月 19 日，李克强总理在纽约联合国总部主持"可持续发展目标：共同努力改造我们的世界——中国主张"座谈会并发表重要讲话，指出《2030 年可持续发展议程》为全球发展描绘了新愿景，是一件具有里程碑意义的大事。会上发布了《中国落实 2030 年可持续发展议程国别方案》，包括中国的发展成就和经验、中国落实 2030 年可持续发展议程的机遇和挑战、指导思想及总体原则、落实工作总体路径、17 项可持续发展目标落实方案等五部分内容，将成为指导中国开展落实工作的行动指南，并为其他国家尤其是发展中国家推进落实工作提供借鉴和参考。

2. 中国实现 2030 年可持续发展目标的机遇

当下，随着环境问题的日益凸显、公众意识的不断提升及政府部门的重视，中国的环境保护进入了全新的时代。第一，中国有强大的政治意愿来推行绿色发展。第二，中国具有强大的环境保护行动基础。第三，国内公众已形成了强烈的环境质量需求以及环保意识。

中国开展环境保护的政治意愿强大。中国政府提出生态文明的概念，并在全国大力

[①] 据中国环境保护部环境与经济政策研究中心研究员俞海在"中国—东盟环境合作论坛（2016）"分论坛二："实现 2030 年可持续发展议程的环境目标"上的发言整理，有所删节。

推进生态文明建设，这一概念已经成为一个政治术语，是国家发展的战略指引。生态文明的核心是"青山绿水就是金山银山"，树立尊重自然、顺应自然、保护自然的理念，这是解决中国目前面临的"资源约束趋紧、环境污染严重、生态系统退化"的情况的根本解决办法。实际上，生态文明理念与《2030年可持续发展议程》和可持续发展目标是高度一致的。

2016年5月，联合国环境规划署和中国环保部共同发布了 Green is Gold 报告，介绍了中国践行生态文明的政策和行动，中国从促进绿色发展、建立现代化的环境治理体系和治理能力、强化污染控制、保护生态系统和农村环境、应对气候变化、加强国际环保合作等方面做出努力，在环境质量、能源效率、资源利用、生态保护等方面取得了可喜的成绩。

另外，中国2016年发布了《国民经济和社会发展第十三个五年规划纲要》，提出要牢固树立和贯彻落实创新、协调、绿色、开放、共享的发展理念，在"十三五"经济社会发展的各领域各环节中，无不体现绿色发展理念，今后的五年，绿色理念将成为中国发展的主基调。在"十三五"规划当中，对经济、社会和资源环境三个层面分别做出了硬性规定，制定了科学合理的指标（表4.2.1、表4.2.2、表4.2.3）。在经济发展方面，在未来五年中，GDP年均增长率目标为6.5%，现在来看这也是一个非常雄心勃勃的目标。

表4.2.1 中国"十三五"规划绿色发展目标——经济层面

指标		2015年	2020年	年均增长率（累计）
经济发展				
（1）GDP/万亿美元		10.46	>14.32	>6.5%
（2）劳动生产率/（万美元/人）		1.34	>1.85	>6.6%
（3）城市化	城市人口比例/%	56.1	60	[3.9]
	城市常住人口比例/%	39.9	45	[5.1]
（4）服务业增加值比例/%		50.5	56	[5.5]
（5）移动宽带覆盖率/%		57	85	[28]

注：①2015年的GDP增长和劳动生产率数据均以不变价形式体现。②[]表示五年内的累计数。

在社会发展方面，对收入、教育、就业、福利等方面进行了规划和展望，实际上，社会福利离不开对清洁环境的需求。

表 4.2.2　中国"十三五"规划绿色发展目标——社会层面

指标	2015 年	2020 年	年均增长率（累计）
人民福祉			
（1）人均可支配收入增长率/%	—	—	>6.5%
（2）劳动人口平均受教育年限/年	10.23	10.8	[0.57]
（3）城市就业增长/万人	—	—	[>5 000]
（4）农村脱贫人口/万人	—	—	[5 575]
（5）基本补贴覆盖率/%	82	90	[8]
（6）城市棚户区改造/万单位	—	—	[1 200]
（7）平均寿命/年	—	—	[1]

注：[]表示五年内的累计数。

资源环境方面，"十三五"规划在空气、水、土地、能源、森林等方面设立了十分具体的目标，体现了中国实现 2030 年可持续发展目标的决心。

表 4.2.3　中国"十三五"规划绿色发展目标——环境层面

指标		2015 年	2020 年	年均增长率（累计）
资源环境				
（1）最低耕地面积/平方千米		1 243 333	1 243 333	[0]
（2）建筑用地最大增加限值/平方千米		—	—	[<21 707]
（3）单位 GDP 用水量降低/%		—	—	[23]
（4）单位 GDP 能耗降低/%		—	—	[15]
（5）非化石能源占一次能源消费比重/%		12	15	[3]
（6）单位 GDP 削减二氧化碳排放/%		—	—	[18]
（7）森林	森林覆盖率/%	21.66	23.04	[1.38]
	森林蓄积量/亿立方米	151	165	[14]
（8）空气质量	地级及以上城市空气质量优良天数比率/%	76.7	>80	—
	$PM_{2.5}$ 未达标地级及以上城市浓度下降/%	—	—	[18]
（9）地表水水质	Ⅲ类及以上水体比例/%	66	>70	—
	Ⅴ类水体比例/%	9.7	<5	—
（10）主要污染物削减/%	COD	—	—	[10]
	NH_3-N			[10]
	SO_2			[15]
	NO_2			[15]

注：①[]表示五年内的累计数。②$PM_{2.5}$ 的年均限制值为 35 微克/米³ 及以下。

值得注意的是，规划一共设置了 25 个目标，环境目标多达 10 个，可见，中国正在逐渐转变发展思路，从整体方向把控到具体落实，无不体现了对可持续发展的重视。

中国在环境保护方面有坚实的基础。2015 年 1 月 1 日，经过修订之后的新环境保护法开始生效，这是生态文明制度建设的一项重要内容，有利于促进我国环境保护事业的发展，有利于解决严重的环境污染问题、切实改善环境质量。新环保法的亮点在于首次划定生态保护红线；建立公共检测预警机制，出台针对性规定治理雾霾；加大违法排污处罚力度，按日计罚无上限、可追究刑事责任；明确规定环境公益诉讼制度；重视信息公开和公众参与。

同时，中国还针对大气、水、土壤分别于 2013 年、2015 年、2016 年发布了污染治理行动计划，以严格控制空气污染、水污染以及土壤污染，用最严格的法律手段打击违法排污行为，绝不姑息污染行为。除此之外，中国还进行了大量制度改革，制订了一揽子的环境保护制度，如污染排放许可、环境税、环境损害赔偿机制、环境检查机制等。

国内公众已形成了强烈的环境质量需求以及环保意识。越来越多的中国人在最近几年中随着收入的不断提高，对于环境质量的要求也越来越高，并有越来越多的利益相关者开始参与到环境保护当中，非政府组织、专家学者、社会团体等，积极参与到环境政策研究和环保宣传教育等工作当中来。

3. 中国实现 2030 年可持续发展目标的挑战

虽然中国建立了实现可持续发展目标的协调机制，但面临的最大问题是国家和地方政府之间的协调与合作。同时，由于各地区的数据统计系统不同导致的数据缺乏，而且数据的兼容性不强，数据重复，收集数据的能力有限等原因，监测评估系统也是一大掣肘。第三个挑战就是环境问题在全球、国家和地方层面的优先程度不同，导致不同地区在实现可持续发展目标时关注点往往不同。利益相关者参与度不足、地方层面实现可持续发展目标的专项资金不足也是制约可持续发展的重要阻碍。

中国作为一个地域辽阔的大国，不平衡的经济结构和区域发展会给可持续发展目标的实现带来一定的困难。对固有的粗放型增长模式的过度依赖，也是应当突破的难题之一，需要有坚定的改革决心以及强有力的制度设计和宣传。中国的环境问题极其复杂，绿色增长的短期成本又极大，绿色消费的市场尚不成熟，绿色技术创新和应用不充分，新一轮城镇化带来了新的环境挑战，支持绿色增长的环境制度能力尚且不足，中国在实现可持续发展上还有很长的路要走。

4. 建议

在全球层面：第一，进一步强调各国对国家自主贡献（INDC）的履行。资源环境问题是全球性问题，需要国际社会携手应对。第二，设计一套实用的监测评估指标，为各国提供参考，使各国能够自行比对可持续发展目标的实现情况。第三，为发展中国家提供能力建设指导，使可持续发展真正做到不落下任何一个国家。

在国家层面：加强部门间的协调与合作，加强中央与地方的沟通和联动，鼓励更广泛的公众参与。可持续发展是一项复杂的系统工程，涉及的政策变动、制度改革范围相当广，对改革力度和深度的要求相当高。如何切实有效地动员地方政府为可持续发展做贡献，落实环境目标，是可持续发展的关键。目前在中国，仍然有政府和研究机构、非政府组织等利益诉求和关注点不匹配的问题，这就大大降低了可持续发展的效率，不能充分发挥各利益相关者的作用。中国社会对于可持续发展目标的了解程度参差不齐，比如可持续生产和消费就不是被大家广为了解。这种知识普及的不足，就会挫伤相关政策推动的过程，建议在未来适当增加可持续发展的公众宣传，真正做到全社会共同迈向可持续发展。

在地方层面：地方政府作为实现可持续发展目标的最根本执行者，需要进一步加强执法，提升能力，动员更多的社会资本，以实现当地的可持续发展目标。

三、斯德哥尔摩环境研究所与全球可持续发展议程[①]

斯德哥尔摩环境研究所（SEI）是环境和可持续发展领域的区域研究型智库，致力于为区域及全球环境政策的制定出谋划策。实现可持续未来——这是斯德哥尔摩环境研究所的愿景，也是实现全人类福祉的必经之路。通过提供综合知识，链接科学与决策，助力区域创新以及政策制定，实现全世界的可持续发展。

过去一个世纪我们看到，由于自然资源的限制，已经在全球找到9个环境安全极限，包括气候变化、臭氧层、土地利用、淡水资源、生物多样性、海洋酸化、氮磷超标、严重的空气污染（雾霾）以及化学污染。这9个领域的极限值一旦被突破，将在全球范围发生不可逆转的环境退化和严峻的环境挑战。不幸的是，在这9个领域中，已有3个方面的环境制约超过了限值：气候变化、生物多样性损失以及生物地球化学流。这意味着我们面临

[①] 根据斯德哥尔摩环境研究所亚洲中心主任尼奥·奥康纳在"中国—东盟环境合作论坛（2016）"分论坛二："实现2030年可持续发展议程的环境目标"上的发言整理，有所删节。

着非常严峻的挑战，也意味着我们必须开展更加紧密的合作，才能维持或逆转这些限制。中国—东盟环境合作论坛旨在提供一个区域环境合作平台，交换创新性、变革性的思路，探讨如何在现有的环境极限中生存和继续繁荣发展，同时避免突破其他环境极限。

自2014年起，斯德哥尔摩环境研究所就在中国—东盟环境合作论坛的平台上开展"亚太区域可持续发展知识共享能力建设"项目。这一项目通过斯德哥尔摩环境研究所战略基金由瑞典政府资助，通过这类项目，SEI希望能够在亚太地区围绕着可持续发展目标，探索出政策制定的准确方向。通过多年的努力，SEI发现了很多合作机会，如2015年召开的中国—东盟环境合作论坛：环境可持续发展政策对话与研修活动中，SEI高级研究员芭贝特女士就性别平等问题开展的研究，充分肯定了女性角色在气候变化背景下的重要性；2016年，SEI与中国—东盟环境保护合作中心再次联手，探索在东盟国家及中国实现可持续发展目标的方法路径。

《2030年可持续发展议程》可以追溯到2012年联合国可持续发展大会上通过的成果文件——《我们憧憬的未来》。这份新议程是综合的、全球性的、变革性的。每一个目标都是我们共同的责任，而不是某个机构某个国家的独角戏。我们务必精诚合作，通过协作、研究以及政策指引，来确保每个国家所做的承诺均能得以实现，确保及时收获我们期许的未来。

SEI同样致力于将17个可持续发展目标进行解读，为区域和国家层面的决策者提供政策建议，将可持续发展目标整合到国家政策和行动计划当中。SEI在可持续发展领域积累了25年的经验，从智库的角度积极影响未来发展，通过充分的调研、可靠的数据、全面的政策选择为决策者提供支持，涉足的领域包括化石燃料以及气候变化，低碳排放，灾害预警等。SEI分别针对发达国家和发展中国家进行研究，近年来开展了赞比亚食物安全和农业发展与可持续发展目标的关系、瑞典可持续发展目标实践等众多政策研究，为其他国家和地区提供案例参考。

发达国家和发展中国家必须携手解决环境和可持续发展问题。在环境问题全球化的背景下，我们需要引导充足的市场资金流入环境治理和应对气候变化的领域，来保护我们唯一的、也是脆弱的地球。世界自然基金会的地球生命力报告强调，我们在2016年8月初已经消耗掉地球一年的资源生产能力，意味着我们接下来的1/3的年份在预借未来的资源储量，这样下去，我们的地球资源必将无法支撑，资源基础将一点点瓦解。

在这样的背景下，SEI成立了可持续湄公河研究网络，目的是希望在湄公河流域构建可持续发展的框架。如今，该网络已由2005年成立之初的15个机构扩大为包括专家学者以及政府机构在内的70多个机构。该项目通过凝聚学术界、政界、决策者、媒体和公众的力量,通过 11 年的努力,为湄公河流域的可持续发展带来生机。

中国—东盟环境合作论坛这样的区域合作平台是多方利益参与者交流想法的重要知识平台。通过这样的交流,我们可以更好地了解我们所共同面临的挑战以及问题,一同抓住机遇实现可持续发展。

四、区域可持续发展目标与多方参与[①]

根据科学与发展网络组织的报告,东南亚国家在实现千年发展目标上取得了显著成就,但仍存在着巨大的差距。根据 2014 年、2015 年亚太地区千年发展目标报告,东南亚地区已经实现了 21 项千年发展目标中的 14 项。该份报告称东南亚地区为最成功的次区域,但实际上,不同国家之间存在着巨大的差异。

从千年发展目标到《我们憧憬的未来》,再到可持续发展目标,国际社会对人类的生产生活方式进行深刻反思,终于意识到资源和环境的重要性。众多环境目标、环境协定的出现显示着我们治理环境的决心。虽然这些可持续发展的目标很多是各个国家作出的承诺,但也有很多涉及区域层面的问题,如公共池塘资源问题(跨境河流、空气)、跨境贸易和投资、移民等。

可持续发展目标 11 涉及城市发展议题,实际上,城市和农村是紧密相连的,市场的流动、人类的迁徙、资金流、服务(教育、政府办公)、资源能源等的互联互通使得城市的边界变得模糊,城市的范围日益扩大,因此不可将城市和农村割裂开来,在制定可持续城市化和区域化的政策时,必须考虑城市和农村地区的互联性。

可持续生产消费——澜沧江—湄公河流域的案例

大湄公次区域(GMS)是指湄公河流域的 6 个国家和地区,包括柬埔寨、越南、老挝、缅甸、泰国和中国云南省。大湄公河次区域经济合作机制合作缘起于 1992 年亚洲开发银行的倡议,澜沧江—湄公河流域内的 6 个国家加强合作,共同促进次区域的经济和社会发展,实现区域繁荣。

长期以来,澜沧江—湄公河流域经济和社会发展相对落后,其中柬埔寨、老挝和缅甸被联合国列入世界最不发达国家的行列。近年来,次区域各国都在进行经济体制改革,调整产业结构,扩大对外开放。经济发展已经成为各国的共同目标。经过十多年的发展,次

[①] 据朱拉隆功大学政治学院社会发展研究中心副主任卡尔·米德尔顿在"中国—东盟环境合作论坛(2016)"分论坛二:"实现 2030 年可持续发展议程的环境目标"上的发言整理,有所删节。

区域围绕交通、能源、电信、环境、农业、人力资源开发、旅游、贸易便利化与投资九大领域开展务实合作，已成为世界上发展最快和东亚一体化速度最快的地区之一。

经济发展离不开能源资源的利用，在 GMS 区域，由于过半的国家经济发展较落后，电力成为最重要的合作内容之一。区域的电力需求增长飞速，如表 4.4.1 所示，2000—2020 年，区域电力总需求增长了近 7 倍。

表 4.4.1　大湄公河次区域峰值电量需求　　　　　　　　　　　　单位：兆瓦

年份	大湄公河次区域	柬埔寨	老挝	缅甸	泰国	越南	广西	云南
2000	26 126	114	167	780	14 918	4 890	—	5 257
2010	75 459	467	618	1 573	23 936	16 165	16 300	16 400
2015	116 070	1 620	1 555	2 449	27 346	25 900	28 600	28 600
2020	172 704	4 500	3 337	3 862	37 325	42 080	38 800	42 800

澜沧江—湄公河流域水能资源非常丰富，最早的开发记录是在 20 世纪六七十年代越南、泰国和老挝的水坝项目，其中泰国的能源部门得到世界银行和美国的大量财政技术援助，得以迅速发展。80 年代后期，越南和老挝也纷纷开始大规模兴建水利项目，并开展了众多双边能源合作，签署输电协议。中国从 90 年代初期开始，也在澜沧江兴建水库以及水力发电项目。总体上来讲，澜沧江—湄公河流域有 3 个水利发电的通路：一是向中国东南部输送；二是老挝向泰国输送；三是老挝向越南输送。

这些水利发电项目改变了自然环境与当地居民之间的关系。据预测，到 2030 年，发电流量可达流域总径流量的 20%，将在旱季产生更好的灌溉效果，并有效缓解干旱、稳定河流生态状况。在考虑跨境资源问题时，必须建立跨区域协调机构。如 1995 年柬埔寨、老挝、越南、泰国建立了湄公河委员会，中国及缅甸作为对话伙伴。1990 年，亚洲开发银行也资助湄公河流域，尤其是湄公河下游国家开展研究、技术支持和能力建设方面的工作。2016 年 3 月，澜沧江—湄公河合作（澜湄合作）首次领导人会议在中国海南三亚举行，与会国家领导人围绕"同饮一江水，命运紧相连"的主题，共商澜湄合作发展大计。会议发表了《澜沧江—湄公河合作首次领导人会议三亚宣言》和《澜沧江—湄公河国家产能合作联合声明》两份重要文件，取得积极成果。此次澜湄合作首次领导人会议的成功举行，宣告澜湄合作机制的诞生，这对于密切澜湄流域国家间关系、充实中国—东盟合作具有历史性意义，是南南合作的典范。合作机制的起源是李克强总理在第 17 次中国—东盟领导人会议上呼应泰国提出的澜沧江—湄公河次区域可持续发展倡议,提议建立澜沧江—湄公河合作机制。一年多来,澜湄合作机制从倡议一步步变成现实。

实际上,虽然澜沧江—湄公河流域的合作历史悠久,但仍没有为这一次区域带来可观的环境效果。在这个生机勃勃的区域,我们其实有很多合作机遇,比如可再生能源合作。澜沧江—湄公河合作框架包括水资源、农业以及跨境经济、扶贫方面,除此之外,会议提议加强水资源以及数据共享,建立信息共享中心。可持续发展是此合作框架的主题之一,中国将在湄公河国家优先使用 2 亿美元南南合作援助基金,帮助五国落实联合国 2030 年可持续发展议程所设定的各项目标。中国还将设立澜湄合作专项基金,今后 5 年提供 3 亿美元支持六国提出的中小型合作项目。

要使得该区域合作机制运行良好并取得预期成果,就要积极调动多方利益相关者,通力合作,共享信息,科学决策。澜沧江—湄公河次区域的合作模式就是典型的多方参与式合作,可以形成更加科学、务实、可行的决策,考虑到更全面的公众利益,是实现可持续发展的科学方法。

澜沧江—湄公河流域的合作项目是跨境公共资源能源生产消费体系的优秀案例,我们可以利用跨境公共资源来连接城市和农村地区以及政府的不同治理系统。为使这样的系统更加可持续,并为实现可持续发展目标做贡献,应当保证能源效率,促进需求管理,连接区域水资源、能源以及经济发展方面的利益相关者,保证多方利益相关者的参与,共同向着更加有效的决策系统迈进。

第五章

实现环境可持续发展目标的机遇与挑战：国家与地方视角[①]

一、泰国实现2030年可持续发展议程环境目标的挑战与机遇[②]

泰国自然资源与环境部污染防治司环境专家希塔拉·钱特斯先生在发言中介绍了泰国可持续发展目标的机制性机构、目标12：保证可持续消费与生产、泰国可持续消费与生产的措施、泰国面临的机遇与挑战和泰国环保的下一步计划等五个方面的情况。

2016年9月，联合国召开可持续发展大会并确定了可持续目标，泰国可持续发展的负责人表示：泰国的每个公民都承诺要促进可持续发展的目标，并积极参加南南合作框架。目前，泰国以实现可持续发展为目标，已经将2030年的可持续发展目标与泰国的五年经济和社会发展计划相融合，同时泰国不同的部委也在制定相应的计划和政策，如自然资源和环境、农业、工业、教育和旅游业等，相应的机制结构也陆续建立。

首先是全国可持续发展委员会，委员会的主席是泰国的总理，该委员会的主要工作是：要实现可持续发展的目标，促进对可持续目标的理解，能够实现自己有效的经济，同时建立信息分享制度，从而支持可持续发展目标的实现。此外，泰国根据17个不同的工作目标，建立起了5个工作小组，以便实现在目标6水、目标12可持续生产与消费、目标13气候变化、目标14海洋环境、目标15陆地生态五个领域的目标。

[①] 本章内容由王帅整理编写。
[②] 根据泰国自然资源与环境部污染防治司环境专家希塔拉·钱特斯在"中国—东盟环境合作论坛（2016）"上的发言整理，有所删节。

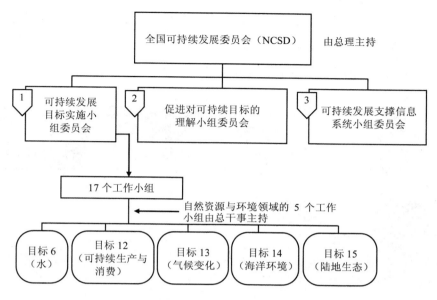

图 5.1.1　泰国全国可持续发展委员会构架

现在泰国的重点是第 12 个目标，即实现可持续的消费和可持续的生产。泰国在可持续消费和生产方面有显著进展，包括使用有机种子，对化学物质及有害废料进行相应处理，以及垃圾分类。此外，泰国污染控制的相关部门牵头多个机构合作，倡导生产绿色的产品和实行绿色的公共采购。同时，泰国对可持续发展状况进行报告，以便能够确保在消费和生产的可持续性。

在推进目标 12 时，泰国面临多方面的困难。首先，将可持续消费与生产融入部门的计划与制度难度很高，因第 12 个可持续发展目标是一个跨领域的目标，涉及经济和文化的各个不同的方面，所以难点在于将不同的部委进行更为有效的协调和合作，从而把可持续的消费和生产融入相应的行业政策。其次，泰国建立了国家标准，有了国际的标准，每一个国家也要建立自己的标准，但是实际上在把它融入每个国家的标准不是那么容易，尤其很难吸引所有的社会阶层参与实施，包括国家政府部门、地方政府部门、私有企业、民间团体和其他相关机构。最后，对信息进行监督和评估有难度，同时对地方层面的相关能力建设影响极大。

在应对困难的同时，泰国获得了一些难得的机遇。首先，泰国获得了更多的国际合作机会，并在科技方面掌握了发展趋势的前沿信息。其次，在相关部门的协同下鼓励公众改变不健康或不环保的生活方式，而且鼓励私营企业进行可持续发展，把可持续发展概念融入企业的日常经营当中。

目前，泰国正在努力建立可持续发展的监测监督体系，以期形成一个可持续发展目标的实践路线图，从而更好地管理泰国在此过程中获得的相关知识与经验。泰国政府始终相信：没有公民社会的积极参与是不可能实现可持续消费和生产目标的。

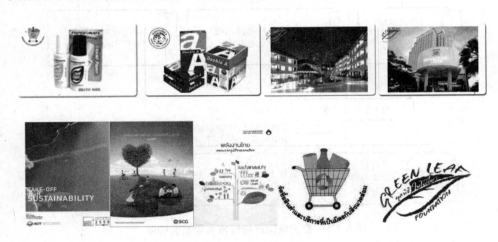

图 5.1.2　泰国大力推进可持续生产和消费

二、柬埔寨实现 2030 年可持续发展议程环境目标的挑战与机遇[①]

柬埔寨内陆渔业研究发展中心副主任哈普·娜薇女士介绍了柬埔寨选择可持续发展议程的第二个目标的原因、相关措施以及案例分享等三个方面的情况。

柬埔寨总占地面积为 18 万平方公里，人口在 2016 年达到近 1 500 万，处在贫困线以下的人口数量为全国人口的 13.5%，该比率与 2005 年相比减少了 50%，尽管如此，柬埔寨人民仍然面临贫困问题。

柬埔寨选择 2030 年可持续发展议程环境目标的第二个目标作为目前工作的重点。第二个目标是终结饥饿、保证粮食的安全。柬埔寨内陆渔业部与林业部可与其他部门协同达成目标，如环境保护部、卫生部、能源部、农业资源发展中心、劳动发展部、职业培训部、商务部等，并针对可持续发展议程的第二个目标共同协调工作。部门间首先针对 17 个目标的每一个子目标确定了工作方向以及相应指标。其次，针对渔业资源、农业生产力、水污染，还有森林、洪水以及土地使用、变更等议题，来组织规划工作。

[①] 根据柬埔寨内陆渔业研究发展中心副主任哈普·娜薇在"中国—东盟环境合作论坛（2016）"上的发言整理，有所删节。

结合议程的目标，柬埔寨制定了相应的工作重点。首先是解决饥饿问题。根据 2030 年可持续发展议程，到 2030 年，全面彻底解决饥饿问题，保证全面的营养摄入和足量的食物供给，特别是贫困人口和弱势群体比如婴儿。在第二个目标当中，为了实现终结这种饥饿现象，柬埔寨制定了相关的指标，并进行跨部门的会议进行协调，从而保证所有的人尤其是这些贫困而且最脆弱的人群包括婴儿都能够安全地并且全年都获得充足的食物，有营养的食物供给。其次是保证粮食安全，以及改善营养问题。柬埔寨希望在 2025 年解决 5 岁以下儿童营养不良或者是饥饿的现象，并在 2030 年终结各种形式的营养不良问题，同时解决由于营养不良引发的相应现象，如营养不良造成的身高不足，即是偏离了世界卫生组织对于身高中位数的相应指标，以及针对 5 岁以下的儿童过重或过瘦的体质等现象。最后就是要提倡可持续的农业，并计划于 2030 年之前农业生产力翻一番，以及小规模的食品生产者收入翻一番，这意味着对于一些妇女、原住民，以及家庭、家族的农户、渔夫等能够满足收入翻一番的需求。柬埔寨会根据以上既定指标对相应工作进行考核和规划。

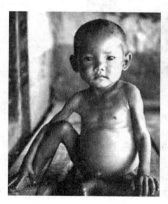

图 5.2.1　营养不良的柬埔寨儿童

根据 2010 年柬埔寨做的人口以及健康普查，发现 5 岁以下儿童有 40% 都是营养不良，14% 是严重营养不良，10% 是非常明显，甚至有 6 个月以下都出现这种营养不良的现象。与之类似，柬埔寨发展研究机构做的另一个研究"柬埔寨市妇女和儿童食用鱼类营养密度的营养成分分析研究"，即研究对于经常食用鱼类以及其他水产品的人群的营养构成、营养密度，该研究样本覆盖了大量妇女和儿童，目的是希望能够了解妇女以及学龄前儿童所获得的鱼肉或者是鱼产品的相关营养，如铁、锌、钙、维生素 A 等营养元素的摄取指标。研究结果建议，必须要进一步研究公众经常食用的鱼产品种类和所含有的营养成分。另外，必须在农村地区为妇女和儿童找到通过鱼产品来减少营养不良现象的方法，同时通过政府与合作伙伴的协同,提升妇女的营养摄入水平。

三、新加坡实现 2030 年可持续发展议程环境目标的挑战与机遇①

新加坡环境及水源部环境政策署执行员汤睿琪女士介绍了新加坡实现可持续发展目标的途径、相关措施,以及在实现目标进程中的相关经验。

新加坡已经建立了《可持续发展的新加坡 2015 的蓝图》(SSB),新加坡政府希望新加坡的所有公民都能在其中扮演一定的角色,从而对 SSB 的进展进行跟踪,达成 SSB 所确立的目标。可持续发展当中重要的领域,首要的是要能够建立生态智能的城镇,即能够利用智能型的技术使得人们的生活方式发生变化,比如利用新兴技术实现能源再生。

图 5.3.1　新加坡绿色蓝图

新加坡正在实行环境标志制度,使消费者可以了解到产品更多的环境方面信息。新加坡希望能够建立一个优质生活的环境,能够保持清洁与健康的环境,同时拥有更多的绿色空间。

图 5.3.2　新加坡绿色社区建设

---

① 根据新加坡环境及水源部环境政策署执行员汤睿琪在"中国—东盟环境合作论坛(2016)"上的发言整理,有所删节。

新加坡同时建立了名为"汽车绝缘"的机制，减少汽车的使用量，以便能够建立一个少机动车的国家，同时新加坡配套提升了公共交通枢纽建设，不断促进多样化的可持续化的交通，包括步行和自行车。新加坡希望能够创造一个公民更多步行和骑自行车以代替机动车、在减少机动车污染的同时增加体育活动的社会文化。

交通方式	平均碳排放量（CO_2）/（千克/10千米）
公交车	0.19 千克*
地铁及快轨	0.13 千克*
汽车	1.87 千克

*假设平均每一个公交车装载 80 人；每一趟地铁或快轨装载 1 100 人。

图 5.3.3　新加坡推动绿色交通

新加坡的第三个可持续城市目标是要建立一个零垃圾的环保国家。新加坡希望能够更为有效地进行垃圾回收，以便能够对垃圾进行更好的处理。新加坡希望能够对所有的垃圾都进行适当处理，比如家庭当中所产生的垃圾，也希望通过这样的方式减少食品的浪费，同时对回收的设施建设进行进一步的提高。同时，新加坡希望在每一个单元当中设立回收系统，设计垃圾分类的垃圾站，将其分成不同的入口，一个入口是可再生的能源，另外一个是其他的不同的垃圾，其中就包括食品的残渣，同时还包括电子垃圾。

第四个非常重要的领域是要建立领先的绿色经济。新加坡希望能够在建筑行业、交通行业、航运行业减少对能源的使用，实现绿色发展。新加坡计划到 2020 年可以更多地使用太阳能，能够达到 350 兆瓦，同时鼓励更多的创新，以便能够使得不同的社区都能成为节能的实验室。在目前所用的技术中最重要的是减少在淡化海水过程当中的能源浪费，这是目前新加坡环保技术的攻坚重点。

图 5.3.4　新加坡推动垃圾回收填埋

新加坡希望能够建立活跃而又优雅的社区。该社区能够充分考虑到人们的态度和生活方式，能够使每个公民知道应该担负的责任，同时能够在环境保护事业中起到各自的作用。为了使得不同的企业对于环境的影响更加敏感，新加坡制订了环境报告的制度，希望这些公司能够在环境保护中起到领军作用。新加坡希望能够跟全世界一起学习，一起成长，通过技术转让，还有可持续发展经验的相互交流促进国际间的环保合作。

四、老挝实现 2030 年可持续发展议程环境目标的挑战与机遇[①]

老挝农业与林业部科技委员会主任萨方松·查希瓦博士对老挝增加的可持续发展目标进行了解释，并对老挝为实现此目标而做出的行动和鼓励措施进行了展示。

老挝面对实现可持续发展议程的目标时，需要从最不发达的国家在 2020 年之前完成的一些任务着手，并积极应对。2015 年，老挝已经把 2016 年发展议程的一些工作对应转化成为可持续发展议程的一些目标，并通过一些指标的设计来追踪工作进展。老挝在 2015 年 11 月制定出了老挝自有的发展议程，老挝把这个可持续发展目标的文本拿来放在自己的国家发展计划的环境当中或者是前提之下进行讨论，即把可持续发展目标进行内化。基于此，老挝基本上制定出了针对 2016—2020 年必须达到的三个主要的目标和 22 个指标。

第一个是针对经济维度的，主要目的是希望能够促进经济发展，但是这个前提也包括

---

① 根据老挝农业与林业部科技委员会主任萨方松·查希瓦在"中国—东盟环境合作论坛（2016）"上的发言整理，有所删节。

在粮食安全以及其他当地的一些发展激励方面。

表 5.4.1 老挝经济维度的可持续发展目标

结果	产出	可持续发展目标
经济	可持续的包容性强的经济增长	8
	整合的发展计划和相关预算	8，10
	地区发展水平与本地发展水平相平衡	8
	社会/私人劳动力水平提高	8，9
	当地企业家在国内及国际市场竞争力的提升	8，9，12，15
	地区合作与国际合作的整合	17，4

第二个是在社会维度的产出结果，这意味着老挝要提升社会福利，这对整个老挝来说是非常关注的一个主题。老挝通过不同的方式多管齐下以实现这个目标。同时，这些社会维度很多是放在国家发展框架之下进行的。

表 5.4.2 老挝社会维度的可持续发展目标

结果	产出	可持续发展目标
社会	通过减少贫困达到生活水平的提升	1，2
	保证食品安全并减少营养不良现象	1，2，7，12，15
	鼓励高质量教育	4
	获得健康质量的保健和预防医学	3，6
	提高社会保护与社会福利	3
	传统与文化的保护	16
	政治稳定、秩序、正义，性别平等	5，16

第三个需要产出的结果就是在环境方面。第 8 个和第 18 个可持续发展目标，都是这里面的重点，是老挝亟须改善的一些领域。

表 5.4.3 老挝环境领域可持续发展目标

领域	产出	可持续发展目标
环境	环境保护与自然资源可持续管理	6，7，9，11，14，15
	自然灾害和风险缓解的准备	13，15，11，12，18
	减少农业生产的不稳定性	1，2，11，12，14，15

老挝也必须要通过国内法规来实现在可持续发展目标当中的环境内容。老挝有一个叫做环保署的单位，主要是帮助监督相关的预算，还有环境影响评估，这个也是现在非常关注的一个主题，因为在做一个项目之前必须首先去了解它的影响范围。根据世界银行提供的 2015 年老挝的经济数据及预测，老挝在 2014—2020 年将保持财政收支平衡并保持财政支出在 GDP 的占比持续增长，预计每年涨幅能够达到 0.25% 左右，并在 2020 年实现财政支出在当年 GDP 的占比达到 4%，老挝将以此为基础保持上升势头。

2005—2010 年，老挝已经实现了非常大量的减贫，很多的贫困看起来像是围绕着城镇发展，因为随着人们移居到城市，城市的贫困问题特别突出。所以对老挝来说，在城镇化发展过程当中，城镇内部的扶贫以及减贫，或者对付饥饿所带来的种种问题是特别突出的。

老挝从中央到地方，不同区域之间的协同效果有差异。首先，从中央到省一级的链接效率还是比较高的，但是从省一级往地方政府的联系则明显有点脱节，这个问题在老挝的确有待改善。其次，针对公司合作或者利益相关者，它们都需要参与到实现可持续发展目标中来，老挝在可持续发展目标当中的投资 70% 来自于民间，同时也鼓励更多的公司合作，希望它们都能够参与到这个机制当中来。

五、中国云南省环境保护与低碳发展：目标、机遇与挑战[①]

云南省环境科学研究院陈异晖教授从地方实践经验的角度介绍了云南省的水环境保护状况、云南省土壤环境保护状况、云南省的低碳发展，以及对湄公河次区域环境合作的建议。

云南省位于中国西南最边陲，面积大约是 40 万平方公里，和日本的面积大体相当；人口 650 万左右，相当于一个中等国家的人口规模；GDP 总量大约是每年不到 3 000 亿美元，它的经济体量相对于它的面积和人口而言是比较小的，所以这是云南省的一个自然状况。云南省南部与越南直接接壤，西部和西南部与缅甸直接接壤。

云南省有六大水系，这六大水系里有 4 条河流是从云南流向东南亚国家的，其中主要的两条河流是湄公河和红河，在云南省的水环境保护中也被叫做西南诸河的水环境保护，并列为一个主要的议程。在刚出台的云南省水环境保护纲要中，西南诸河包括澜沧江、湄

---

① 根据云南省环境科学研究院的副院长陈异晖在"中国—东盟环境合作论坛（2016）"上的发言整理，有所删节。

公河、怒江、伊洛瓦底江四条河,优良水体占的比例大概是85%。从云南流向越南、流向缅甸的河流其水质相对来说是比较好的,因为相比之下长江和珠江这两条国内性质的河流,其优良水体占比分别是60%左右和65%左右,而西南诸河流出去的这四条河的优良水体占比是85%左右,这是目前的一个大致情况。

表 5.5.1 云南省地表水水质优良（达到或优于Ⅲ类）比例目标

流域	2014 年	2016 年	2017 年	2018 年	2019 年	2020 年
珠江流域	52.9%	52.9%	58.8%	64.7%	70.6%	76.5%
长江流域	43.7%	43.8%	46.9%	50.0%	56.3%	59.4%
西南诸河	81.6%	83.7%	85.7%	87.8%	89.8%	93.9%

注：到2020年,地级城市集中式饮用水水源水质全部达到Ⅲ类,地下水质量极差的比例控制在26.7%左右。

表 5.5.2 2014 年云南省三大流域断面水质现状

流域名称	水系名称	断面个数							优良水体占比
		Ⅰ类	Ⅱ类	Ⅲ类	Ⅳ类	Ⅴ类	劣Ⅴ类	合计	
长江	长江	1	22	11	8	8	9	59	57.63%
珠江	珠江	2	9	8	6	2	2	29	65.52%
西南诸河	红河	0	18	10	4	0	1	33	84.85%
	澜沧江	0	21	10	4	1	2	38	
	怒江	0	7	6	1	0	0	14	
	伊洛瓦底江	0	9	0	1	0	0	10	
小计		3	86	45	24	11	14	183	73.22%

注：①2014年,云南省21个主要城市（16个地级城市和5个县级城市）的46个取水监测点水质,达标率为100%,与2013年相比达标率提高2.4%。167个县级集中式饮用水水源地仍有8个未达标,其中3个为地表水水源地。
②地下水源地超标指标为铁、氨氮、硝酸盐、锰、亚硝酸盐和总大肠菌群。
③地表水水源地超标为总磷。

表 5.5.3 2012—2014 年地下水水质状况

	Ⅱ类	Ⅲ类	Ⅳ类	Ⅴ类	合计	达标率
2012 年	17 个	3 个	6 个	4 个	30 个	66.67%
2013 年	23 个	29 个	18 个	9 个	79 个	65.82%
2014 年	27 个	26 个	18 个	8 个	79 个	67.09%

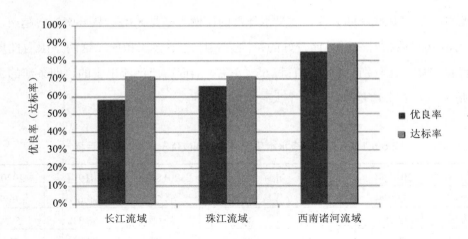

图 5.5.1 2014 年度云南省重点流域优良率和达标率

在这种情况下,云南省根据国家的总体安排,制订了包括西南诸河在内的河流达标方案。

表 5.5.4 地表水水质优良(达到或优于 III 类)比例目标　　　　　　　单位:%

流域	2016 年	2017 年	2018 年	2019 年	2020 年
长江流域	47.2	47.2	47.2	50.0	50.0
珠江流域	65.2	68.7	68.7	68.7	68.7
西南诸河	83.3	85.4	87.5	89.6	91.7
全省	67	69.0	70.0	72.0	73.0

表 5.5.5 地表水丧失使用功能(劣于 V 类)水体断面比例目标　　　　　单位:%

流域	2016 年	2017 年	2018 年	2019 年	2020 年
长江流域	19.4	19.4	16.7	16.7	5.5
珠江流域	12.5	12.5	12.5	12.5	12.5
西南诸河	4.2	4.2	4.2	4.2	4.2
全省	11.0	11.0	10.0	10.0	6.0

为了实现目标,云南省根据《水污染防治行动计划》制定了省级和地方以及州市级别的目标责任书。刚才提到的水质达标目标,其达标的情况是要进入目标责任书里面的,然后反映到对政府官员的考核当中去。刚才提到政府和 NGO 分别对这个目标起什么样的作用,的确是在政府主导的规划里面,对政府它是有一些考核的,具体来说反映在省级领导

和州地级领导政绩考核里面，水质是否达标，是否达到了刚才所说的目标要求，是被纳入对地方干部和对地方政府的考核当中去的。

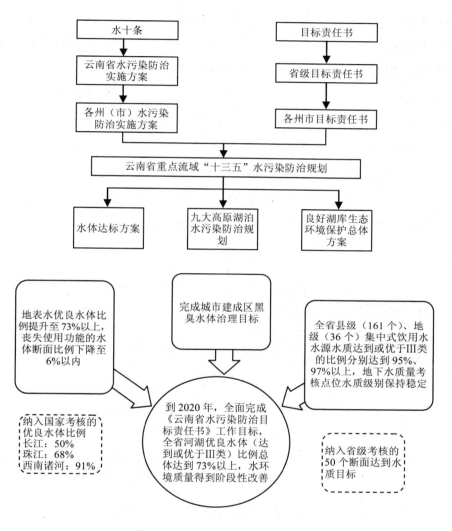

图 5.5.2 云南省水污染防治路线

云南省的水体保护目标是在 2020 年年底，全面完成《云南省水污染防治目标责任书》工作目标，全省河湖优良水体（达到或优于Ⅲ类）比例总体达到 73%以上，水环境质量得到阶段性改善。

云南省制订了到 2020 年单位 GDP 的二氧化碳排放量要比 2010 年降低 45%以上的目标。为达到该目标，云南省制定了相关政策及鼓励措施包括优化能源结构、推进替代能源、提高能效，以及发展碳汇林业等。

2010年云南省能源消费产生的二氧化碳排放强度为2.80吨/万元（2005年可比价），比2005年下降了约18.57%。"十二五"期间全省GDP年均增长11.1%，能源消费弹性系数为0.83。按照"十三五"规划目标，云南省经济将保持8.5%左右的增长率。"十三五"期间云南省能源结构将得到进一步优化，根据规划目标，到2020年云南省非化石能源占一次能源的消费比重将达到35%以上。根据2016—2020年GDP的增长率、能源消费需求总量及能源消费结构，测算出2020年一次能源利用产生的二氧化碳放量及排放强度的下降率完全能够实现规划提出的比2005年降低45%的目标。

在低碳环保方面，云南省的七大主要任务为：优化能源结构，大力发展无碳和低碳能源；强化节能降耗，提高能源利用效率；推进森林云南建设，增加森林碳汇功能；加快产业结构调整，建立以低碳排放为特征的产业体系；加强能力建设，构建低碳发展的技术支撑体系；积极先行先试，推进云南特色的低碳示范建设；培养低碳理念，倡导低碳生活。

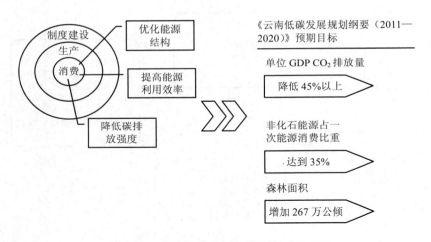

图 5.5.3　云南低碳发展规划纲要预期目标

云南省主推的十大低碳重点工程有：低碳能源建设、工业节能增效、低碳建筑、低碳交通、森林碳汇、工业园区及企业低碳化改造、能力建设及科技支撑、政策规划及体制创新、先行先试示范、低碳生活推进工程。

在低碳发展中，云南省具有明显优势。云南省拥有国家政治、社会经济环境重大战略的相关支持，促进了低碳发展。云南省具有大规模发展的水能资源、太阳能、风能资源和生物质能源的资源优势，且可开发量处于全国前列。云南五大支柱产业中的烟草、生物资源、旅游产业属于低碳产业，电力产业中水电与火电的装机比例达到66∶34，水电的发电量超过总发电量的一半。碳汇总量位居全国前列,全省目前仍有267万公顷荒山荒地,国内生产森林碳汇的优选区域。水力发电、余能利用、生物质能源、煤层气、垃圾填埋气、黄磷尾气及碳汇等方面的清洁发展机制项目市场潜力巨大。

但同时,云南省必须面对以下困难:能源需求呈快速增长趋势,经济发展与控制碳排放矛盾突出;能源消费以煤炭为主,经济"高碳"特征突出;发展方式较为粗放,能源利用效率较低;产业结构不尽合理,高耗能产业比重过大;技术发展水平低,能力建设薄弱;碳汇交易及补偿机制尚未建立,碳汇交易能力弱。

云南省在土壤污染方面制定了两个90%的目标:一是受污染耕地的安全利用率要达到90%;二是污染地块的利用率要达到90%。为实现这个目标,对于云南省来说面临一些技术层面的挑战,比如高背景值地区以及偏远地区的土壤修复能力技术力量是比较薄弱的,以及土壤污染的监测技术能力还比较薄弱。主要目标是全省土壤污染加重趋势得到初步遏制,土壤环境质量总体保持稳定,农用地和建设用地土壤环境安全得到基本保障,土壤环境风险得到基本管控。

目前,在该领域云南省面临的主要问题有:土壤重金属背景值偏高;尚无完成的土壤修复案例;土壤修复技术力量薄弱;土壤基础检测能力较弱;土壤保护法规尚不健全。

对于大湄公河次区域的环保合作的思考如下:

(1) 大湄公河次区域同时也是一个生物多样性富集的地区,所以中国—东盟可以在生物多样性保护层面在湄公河次区域有进一步的合作和保护。

(2) 云南省面临的最大挑战就是各种资源的管理不当,云南省有财政资源、有技术资源、有政府提供的相关资源,但如何把这些资源组合在一起,如何对接、如何更好地组织起来并且有效分配才是最重要、最困难的。所以,中国—东盟环保合作平台需要一个有组织的规划,需要更好地去规划组织政府在这些方面的资源配置。

(3) 区域合作主要依靠亚行等主要国际机构推动,次区域各国政府相关部门对项目产出的拥有感有限,项目成果未能得到充分运用和推广。

(4) 各国的经济发展水平和环境保护工作开展水平和能力差异大,次区域各国之间的环境合作以交流、考察、研讨等为主,内容和形式有限。

(5) 大湄公河次区域国家的经济发展普遍低下,如何保障持续开展区域环境合作的资金是当前的一个巨大挑战。

(6) 在"一带一路"建设过程中,中国应充分发挥澜沧江—湄公河环境合作机制、亚洲基础设施投资银行等平台,在区域环境合作中发挥更大的作用。

（7）云南生态优势突出，中老、中缅、中越边境线一带更是生态系统和物种多样性丰富的地区。在地方层面云南与周边国家已建立不同层度的合作关系。在中央和省政府的支持下，云南与南亚、东南亚等国的环境合作将得到加强，云南将成为我国环境保护对外合作的一个重要阵地。

附录一 中国—东盟环境合作战略（2016—2020）

1 背景

1.1 中国—东盟环境合作与区域可持续发展

1. 在环境恶化成为世界经济和社会发展重大挑战的背景下，可持续发展作为一种发展战略得到世界各国的广泛认同。加强国家、区域和国际层面的环境合作成为各国实现可持续发展目标的重要手段。

2. 自1992年联合国环境与发展大会召开以来，国际社会积极开展可持续发展合作并取得显著进展。2012年，在里约热内卢召开的联合国环境与发展大会（里约+20会议）通过了成果文件《我们憧憬的未来》，为今后的发展与合作指明了方向和目标。在千年发展目标即将于2015年底到期之际，世界各国正在讨论制订后2015发展议程。

3. 在可持续发展合作领域，发展中国家之间的南南合作得到国际社会的日益重视。作为促进全球可持续发展的重要组成部分，南南合作对于可持续发展非常重要，并面临前所未有的机遇。

4. 发展中国家在可持续发展领域面临许多挑战，比如国内和国家间的发展不均衡、环境污染和生态退化、缺乏资金和技术以及解决环境问题的机构和人员能力薄弱等。国际金融危机、气候变化、粮食和能源短缺以及自然灾害等问题加重了发展中国家实现可持续发展的困难。

5. 作为世界上最有活力和多样化的区域，亚太区域在过去几十年经济发展迅速并且实现了千年发展目标中的部分目标。然而，该区域贫困人口众多，他们的生计依赖于良好环境和生态系统提供的商品和服务。推进可持续发展对该地区显得尤为重要。

6. 加强中国—东盟环境合作将有利于该区域发展中国家提高环境质量和保护自然生态系统，从而有助于提升经济发展质量和人民福祉，实现长远发展目标。

1.2 中国与东盟环境保护新进展

7. 中国和东盟成员国同属发展中国家，在经济快速发展、人口增长以及工业化和城市化进程加快的过程中，都面临环境污染、自然资源枯竭、生物多样性丧失和生态系统退化等问题。为应对这些挑战，中国和东盟成员国采取了一系列有效的政策措施，在推进绿色和可持续发展方面取得了显著进展。

8. 2013年，中国政府决定全面深化改革，通过推进环境保护体制和机制改革，促进生态文明，建设"美丽中国"，具体措施包括加快建立生态文明制度，健全国土空间开发、资源节约和环境保护。

9. 2014年4月，中国全国人民代表大会常务委员会批准了新修订的《环境保护法》。新修订的《环境保护法》在落实各级政府责任、环境经济政策、生态功能区划分和划定生态红线、环境监测和监管、环境保护信息公开、鼓励公众参与、环境公益诉讼、强化责任追究等方面有重要突破，为中国今后的环境保护提供了坚实的法律保障。

10. 东盟共同体建设取得重要进展。在环境领域，《东盟社会与文化共同体蓝图（2009—2015）》确定的11个优先合作领域取得以下进展：

（1）解决全球环境问题；

（2）管理和防止跨界环境污染；

（3）通过环境教育和公众参与促进可持续发展；

（4）促进环境友好技术；

（5）提高东盟城市/市区生活质量标准；

（6）协调环境政策和数据；

（7）促进沿海和海洋环境的可持续利用；

（8）促进自然资源和生物多样性的可持续管理；

（9）促进淡水资源的可持续性；

（10）应对气候变化及消除其影响；

（11）促进森林可持续管理。

11. 东盟的主要合作项目有实施《东盟泥炭地管理战略》，该战略包括为期5年的国际农业发展基金——全球环境基金东南亚泥炭森林恢复项目，实施《东盟环境教育行动计划》，制订《东盟生态学校指南》，实施东盟遗产公园项目以及东盟环境可持续城市奖励项目。

2 中国—东盟环保合作回顾

12. 中国与东盟山水相连、人文相近。自中国—东盟建立战略伙伴关系以来，中国与东盟的友好合作关系取得了长足进展。中国与东盟的环境合作支持了区域的社会和经济合作，加深了中国与东盟成员国的相互理解和友谊。随着中国与东盟经济和社会的发展，环境保护已经成为中国—东盟合作的优先领域之一。

13. 建设资源节约型、环境友好型社会是中国与东盟成员国的共同目标。通过加强合作来保护环境、减少环境污染、遏制生态退化，符合中国与东盟成员国的共同利益。2003

年，中国与东盟签署了《中国—东盟面向和平与繁荣的战略伙伴关系联合宣言》，强调加强合作，通过"更多的科技、环境、教育、文化和人员交流"，加强"这些领域的相互合作机制"。

14. 2007年11月，时任中国总理温家宝在第十一次中国—东盟领导人会议上提议成立中国—东盟环保合作中心并制订合作战略。2009年，中国和东盟制定并通过了《中国—东盟环境保护合作战略（2009—2015）》，确定了合作目标、原则和六大优先合作领域。2010年，中国环境保护部成立了中国—东盟环境保护合作中心。2011年，中国和东盟制定并通过了《中国—东盟环境合作行动计划（2011—2013）》。2013年，双方制定并通过了《中国—东盟环境合作行动计划（2014—2015）》。

15. 在合作战略及其行动计划框架下，中国与东盟在高层政策对话、中国—东盟绿色使者计划、生物多样性和生态保护、环保产业与技术、联合研究等方面开展了各种合作活动。中国与东盟的环境合作为南南环境合作做出了贡献。

2.1 通过《中国—东盟环境保护合作战略（2009—2015）》

16. 2009年，中国环境保护部与东盟成员国环境主管部门通过了《中国—东盟环境保护合作战略（2009—2015）》。该战略的总体目标为通过采取协调和分步的方法，加强中国—东盟在环境保护优先领域的合作，以实现本区域的环境可持续性。

17. 在实施《中国—东盟环境保护合作战略（2009—2015）》期间，中国与东盟的环境合作集中在以下六个优先领域：

（1）公众意识和环境教育；

（2）环境无害化技术、环境标志与清洁生产；

（3）生物多样性保护；

（4）环境管理能力建设；

（5）环境产品和服务合作；

（6）全球环境问题。

2.2 通过《中国—东盟环境合作行动计划（2011—2013）》

18. 2011年，中国与东盟共同制定并通过了《中国—东盟环境合作行动计划（2011—2013）》。该行动计划确定的行动包括开展环境合作高层政策对话、启动和实施《中国—东盟绿色使者计划》、生物多样性与生态保护合作、推进环保产业和技术交流、开展联合研究。为了实施该行动计划，双方指定了中国—东盟环境合作国家联络员，中国—东盟环境保护合作中心和东盟秘书处环境办公室负责协调和实施。

2.3 通过《中国—东盟环境合作行动计划（2014—2015）》

19.《中国—东盟环境合作行动计划（2011—2013）》于 2013 年到期，为进一步实施合作战略并加强中国—东盟环境合作，中国和东盟于 2013 年 4 月举办了"中国—东盟环境合作回顾与展望研讨会"，同意制订新的行动计划，并就新的行动计划内容达成了一致意见。

20．2013 年，中国与东盟共同制定并通过了《中国—东盟环境合作行动计划（2014—2015）》。《中国—东盟环境合作行动计划（2014—2015）》的内容包括：加强环境合作政策对话，组织举办中国—东盟环境合作论坛；继续实施《中国—东盟绿色使者计划》；加强生物多样性与生态保护、环保产业和技术的合作；以及编写《中国—东盟环境展望报告》。

2.4 成立中国—东盟环境保护合作中心

21．经中国政府批准，中国环境保护部于 2010 年 3 月启动组建中国—东盟环境保护合作中心。2011 年 5 月，时任中国环境保护部部长周生贤、时任东盟社会文化共同体副秘书长米斯然·卡尔梅和时任中国外交部部长助理胡正跃出席了中国—东盟环境保护合作中心的启动仪式。

22．作为一个推动中国与东盟成员国之间环境合作的开放性平台，中国—东盟环境保护合作中心的职责如下：

（1）作为中国与东盟环境合作的联络机构；

（2）为中国和东盟成员国政府部门制订环境合作战略/计划提供支持；

（3）协调和实施合作计划和项目并提供技术支持；

（4）推动环境和发展政策对话，包括提议的中国—东盟环境部长级会议和其他高级别环境交流活动；

（5）促进环境技术和企业界合作以及公共和私人部门的交流；

（6）开展区域关键问题的联合政策研究，向决策者提供政策建议；

（7）与所有感兴趣的国家和国际组织发展合作伙伴关系，建立网络以支持中国与东盟联合制订的计划和活动。

2.5 举办中国—东盟环境合作论坛

23．中国—东盟环境合作论坛是中国和东盟之间开展环境政策高层对话、推动务实合作和交流的重要平台。论坛主要围绕中国—东盟共同关注的环境问题，邀请中国和东盟成员国、国际组织、非政府组织等的决策者、企业家、专家学者参加。

24．2011 年 10 月，首届中国—东盟环境合作论坛在中国南宁举办。来自东盟秘书处、东盟成员国环境主管部门、中国环境保护部、地方环境保护部门、研究机构和企业界的代表，以及联合国环境规划署、联合国亚太经济与社会委员会和亚洲开发银行等国际组织和国际伙伴的代表参加了论坛。本次论坛是第八届中国—东盟博览会的活动之一，主题为"创新与绿色发展"。

25. 2012年9月，第二届中国—东盟环境合作论坛在中国北京举办。来自中国、东盟成员国及其驻华使馆、东盟生物多样性中心、联合国环境规划署、联合国生物多样性公约秘书处、亚洲开发银行、世界自然保护联盟、野生动植物保护国际、世界自然基金会等单位的代表出席了论坛。本次论坛的主题为"生物多样性与区域绿色发展"。

26. 2013年9月，第三届中国—东盟环境合作论坛在广西桂林举办。来自中国、东盟成员国以及联合国环境规划署、联合国亚太经济与社会委员会以及亚洲开发银行等国际组织和国际伙伴的代表出席了论坛。本次论坛的主题为"区域绿色发展转型与合作伙伴关系"，是中国—东盟建立战略伙伴关系十周年系列纪念活动之一，也是第十届中国—东盟博览会的一项重要活动。

27. 2014年9月，第四届中国—东盟环境合作论坛在广西南宁举办，主题为"可持续发展的国家战略与区域合作：新挑战和新机遇"。来自中国、东盟成员国、国际组织和国际伙伴的代表参加了论坛。

2.6 启动和实施中国—东盟绿色使者计划

28. 中国—东盟绿色使者计划于2011年10月正式启动，是《中国—东盟环境合作行动计划（2011—2013）》确定的公众意识和教育领域的一项合作项目。该项目包括三个板块，即绿色创新（面向政府决策者的能力建设）、绿色先锋（面向青年的意识和教育）和绿色企业家（面向企业界建立绿色发展伙伴关系）。

29. 为了实施合作战略，在中国—东盟绿色使者计划项目框架下，中国和东盟开展了以下活动：

➢ 面向决策者的能力建设

绿色使者计划通过召开论坛和研讨会，开展面向东盟成员国决策者的能力建设项目，以满足绿色发展和区域合作的需求。为此开展的活动包括2011年4月在北京举办的"环境执法能力研讨会"、2012年7月在北京举办的"绿色经济与环境管理研讨会"、2013年4月在北京举办的"绿色经济与城市环境管理研讨会"，以及2014年5月举办的"环境影响评价研讨会"。来自中国和东盟成员国有关政府管理部门、学术机构和国际组织的代表参加了上述会议。

➢ 面向青年的环境教育和公众意识

绿色使者计划重视青年在公众意识和参与中的特殊角色，并在这个领域付出很多努力，比如 2012 年 5 月在北京举办的"绿色发展青年研讨会"、2012 年 9 月在北京举办的"绿色经济与生态创新青年研讨会"和 2013 年 7 月在北京举办的"绿色学校青年研讨会"。绿色使者计划还积极参加东盟主办的"东盟—中日韩青年环境论坛"。来自中国和东盟成员国的青年参加了绿色使者计划。此外，绿色使者计划积极推动建立区域青年环境合作网络，以此提高公众参与和意识。

➢ 建立平台和伙伴关系

绿色使者计划自启动以来，与中方和东盟成员国环境主管部门、东盟秘书处和相关机构建立了良好的合作关系，特别是得到了亚洲开发银行、中国环境保护部宣传教育中心、联合国环境规划署、德国国际合作机构、世界自然基金会、（文莱教育部）文莱科技与环境伙伴中心、中国绿色出行基金和北京师范大学等单位的支持。

2.7 促进生物多样性和生态保护合作

30. 生物多样性保护是《中国—东盟环境保护合作战略（2009—2015）》确定的优先合作领域之一。在中国环境保护部和东盟秘书处的支持下，中国—东盟环境保护合作中心和东盟生物多样性中心共同开发了"中国—东盟生物多样性与生态保护合作计划"。该项目旨在支持中国和东盟成员国提高制订和实施生物多样性和生态保护的政策、规划和行动的能力。在这个项目下，中国和东盟开展了人员交流，举办了"中国—东盟生物多样性保护合作研讨会"，并且在 2013 年编写和出版了《中国—东盟生物多样性和生态保护案例研究》报告。

31. 在联合国环境规划署的支持下，中国—东盟环境保护合作中心与东盟生物多样性中心于 2013 年 7 月在中国昆明共同举办了"中国—东盟实施生物多样性保护战略和爱知目标能力建设研讨会"和"中国—东盟生物多样性保护实践研讨会"。来自中国、东盟成员国、联合国环境规划署、生物多样性公约秘书处、生态系统与生物多样性保护经济学秘书处、世界自然保护联盟、野生动植物保护国际（FFI）等国家和国际组织的代表参加了上述会议。

32. 利用联合国环境规划署的资金支持，中国—东盟环境保护合作中心、东盟生物多样性中心及国际专家共同编写《中国—东盟生物多样性保护合作政策工具与实践》，该出版物已于 2014 年底完成。

33. 认识到实现《生物多样性公约战略计划（2011—2020）及爱知生物多样性目标所

面临的挑战，应加强生物多样性领域的南南合作，以弥补南北合作与第三方合作的不足。通过技术支持与能力建设，生物多样性合作及多年行动计划成为加强中国与东盟国家履约能力的重要手段。

2.8 开展环境技术与产业合作

34. 环境技术与产业是《中国—东盟环境保护合作战略》确定的优先合作领域之一。随着区域经济一体化加深和各国对环境问题的重视，环保技术与产业合作将在未来发挥重要作用。

35. 2012年，在中国环境保护部和东盟秘书处支持下，中国—东盟环境保护合作中心编制了《中国—东盟环境技术与产业合作框架》，旨在为中国和东盟加强环境技术与产业合作提供路线图。这个框架确定的行动包括成立环境无害化技术与产业合作网络、建立服务平台、建立示范基地和开发试点项目等。

36. 2013年10月，李克强总理在第16届中国—东盟领导人会议上提议建立中国—东盟环境技术与产业合作示范基地，作为中国—东盟环境产业合作的一项行动。中国环境保护部于2014年5月在中国宜兴召开了"中国—东盟环保产业合作研讨会"，会议得到东盟秘书处和东盟成员国的支持。会议发布了《中国—东盟环保技术和产业合作框架》并启动了中国—东盟环保技术和产业合作示范基地（宜兴）。

2.9 开展联合政策研究

37. 按照《行动计划》的要求，中国和东盟正在合作编写《中国—东盟环境展望报告》。《中国—东盟环境展望报告》旨在从区域角度分析和评估中国和东盟环境与发展合作现状和未来发展趋势，提供必要的知识、经验和工具，以加深环境合作并进一步促进区域可持续发展。《中国—东盟环境展望报告》的主题为"迈向绿色发展"强调评估中国和东盟的绿色发展现状，分析中国和东盟在环境与发展领域面临的主要问题，总结中国和东盟促进绿色发展的主要政策措施和最佳实践，以及提出绿色发展的政策建议。

38. 中国—东盟环境保护合作中心申请中国—东盟合作基金的支持并得到批准。《中国—东盟环境展望报告》项目启动会于2014年2月在北京召开，东盟秘书处代表、核心专题小组成员（包括东盟、中国和国际专家）和有关国际机构等的代表参加了会议。这次会议就报告的大纲和框架达成了一致，并确定了总体方向、任务划分和时间表。计划2015年完成《中国—东盟环境展望报告》的编写。

3 合作目标与原则

3.1 合作目标

39.《中国—东盟环境合作战略（2016—2020）》的总体目标是通过采取协调和综合方法，加强中国—东盟在环境保护优先领域的合作，实现区域环境可持续性。《中国—东盟环境合作战略（2016—2020）》的具体目标如下：

（1）就共同关心的环境问题加强高层政策对话，增进理解，加强合作，确保中国和东盟的利益协调；

（2）加强环境保护的对话与合作；

（3）通过分享知识和经验以及采取联合行动，提高国家和区域环境管理能力；

（4）加强优先领域的合作，提高合作的有效性和质量，为区域和南南[①]环境合作提供良好实践；

（5）支持东盟共同体后2015愿景。

3.2 原则

40．指导中国—东盟环境合作的原则如下：

（1）采取协调和综合行动应对全球和区域环境问题时，应考虑所加入的多边环境协议下的义务以及本国国情和发展状况；

（2）在双方环境主管部门职权范围内开展平等合作与对话；合作应基于互惠、协商和共识的原则。

4 合作领域

4.1 政策对话与交流

41．合作目标：

为中国和东盟环境决策者提供各种平台就区域重大环境问题交换看法，分享环境管理经验，采取联合行动提升环境合作水平，落实中国和东盟领导人达成的共识。

42．活动：

➢ 举办中国—东盟环境合作论坛；

➢ 适时召开中国—东盟环境部长会议。

---

① 南南合作是用于描述发展中国家资源、技术和知识交流的通用术语。

4.2 环境数据与信息管理

43．合作目标：

提高中国和东盟收集、处理和使用环境数据和信息的能力。

44．活动：

- ➢ 根据第 17 届中国—东盟领导人会议提出的合作倡议，建立中国—东盟环境信息共享平台；
- ➢ 考虑统一环境标准的可能性，分享环境信息和数据方面的知识和经验；
- ➢ 进行环境信息和数据的收集、处理和使用方面的能力建设活动。

4.3 环境影响评价

45．合作目标：

通过分享知识和经验，提高中国和东盟在环境影响评价领域的能力。

46．活动：

- ➢ 进行环境影响评价领域的能力建设合作；
- ➢ 进行环境影响评估与管理方面的联合研究。

4.4 生物多样性和生态保护

47．合作目标：

与东盟生物多样性中心合作，进一步开发和实施《中国—东盟生物多样性与生态保护合作计划》，提高中国和东盟成员国在开发生物多样性保护政策、战略或行动计划方面的能力和意识，履行《生物多样性公约》和其他国际义务，促进生物资源的保护、管理和可持续利用。

48．活动：

- ➢ 分享城市和农村地区的生态保护经验，进行示范项目合作；
- ➢ 加强生物多样性保护能力，促进扶贫及气候变化减缓与适应；
- ➢ 促进生物多样性保护优先区的合作，比如东盟遗产公园；
- ➢ 加强海洋环境保护领域合作，如红树林保护、沿海地区规划、珊瑚礁修复以及海洋垃圾污染防治等；
- ➢ 探索生物多样性潜力，加强生态保护监测和示范合作；
- ➢ 加强陆源污染管理与气候变化等领域的科研合作；
- ➢ 开展生物多样性和生态保护政策工具和实践研究，包括但不限于：

　　1）生态系统服务与生物多样性经济学；

2）公平、平等地开展遗传资源与相关传统知识的惠益分享；

3）管理与消除外来入侵物种；

4）私营部门参与；

5）生物多样性保护与可持续利用的意识提升。

➢ 加强实施《生物多样性战略计划（2011—2020）》及爱知生物多样性目标的能力。

4.5 促进环保产业和技术实现绿色发展

49．合作目标：

通过建立信息交流平台、进行示范项目和开发环境技术的联合研究，实施《中国—东盟环境技术与产业合作框架》，支持《可持续消费与生产十年框架》。

50．活动：

➢ 实施《中国—东盟环境技术与产业合作框架》；

➢ 通过定期举行中国—东盟环保产业合作会议和创建中国—东盟环保企业经验分享和技术转让平台，加强中国和东盟成员国政府机构、企业家、研究院所、研究人员和环保产业协会之间的交流合作；

➢ 进行环境技术和污染防治的合作研究，并开展有关培训项目；

➢ 通过选择具体合作项目以及尝试进行中国同东盟成员国之间的双边技术合作，继续推动示范基地建设并为东盟成员国探索合适的设备和合作方法；

➢ 加强环境标志产品认证、有机认证、良好农业规范证书以及绿色供应链等机制的知识分享，促进可持续消费和生产；

➢ 促进环境标志领域双边合作，建立中国—东盟环境标志联盟，推动绿色贸易发展。

4.6 环境可持续城市

51．合作目标：

通过分享知识和经验以及建立网络和伙伴关系，提升中国和东盟促进环境可持续城市建设能力，包括小型和新增城市区域的可持续建设能力。

52．活动：

➢ 分享城市生态保护的知识和经验，促进生态友好城市发展；

➢ 加强城市化背景下的可持续生产与消费合作；

➢ 开展与东盟清洁空气、清洁水、清洁土地倡议相关的城市垃圾环境无害化处理和处置合作；

➢ 推动气候变化减缓与适应、环境友好以及气候变化适应城市等领域合作，支持东盟气候变化工作组下的《东盟气候变化联合响应行动计划》相关活动；
- ➢ 通过公众和多方参与，推动建立环境可持续模范城市；
- ➢ 加强与东盟环境可持续城市模范城市项目的联系；
- ➢ 加强证书与奖励等激励措施的使用；
- ➢ 建立一个加强城市林地管理领域知识与经验分享的网络。

4.7 环境教育和公众意识

53．合作目标：

支持实施《东盟环境教育行动计划（2014—2018）》，通过中国与东盟成员国环境教育机构、相关政府部门和民间社会组织的交流合作，增强中国—东盟公众的环境保护意识。

54．活动：
- ➢ 继续实施《中国—东盟绿色使者计划》，开展更多人员交流、能力建设和政策对话；
- ➢ 通过链接《东盟环境教育数据库》，搭建促进公众参与的知识、技术诀窍和良好实践分享平台；
- ➢ 支持东盟成员国开办生态学校并为中国和东盟成员国青年建设合作网络，鼓励谈论新出现的环境问题，并促进与本区域其他国际青年网络的联系，以便增进彼此信息和知识分享；
- ➢ 调动中国与东盟成员国资源，加强各国环境教育与公共意识水平。

4.8 机构和人员能力建设

55．合作目标：

通过开展绿色使者计划下的相关能力建设活动，提升中国和东盟成员国的环境管理能力。

56．活动：
- ➢ 加强环境管理人员的综合培训，加强环境经济、环境与健康领域的政策制定能力；
- ➢ 提供一个环保法律和相关法规的经验分享平台；
- ➢ 开展环境管理人员的互访与交流，提高中国和东盟成员国环境管理能力。

4.9 联合研究

57．合作目标：

促进学者和智囊团的交流和能力建设，打造中国和东盟成员国绿色智囊团。

58. 活动：
   - 编写和发布《中国—东盟环境展望报告》；
   - 研究中国和东盟共同关注的全球和区域新兴环境与发展问题，通过现有中国—东盟合作机制分享研究成果，以便为决策者提出有针对性、科学化和信息化的政策建议。

5 实施安排

5.1 机构安排

59. 中国环境保护部和东盟成员国环境主管部门将为实施本战略提供指导和支持。

60. 中国和东盟成员国环境主管部门将为实施本合作战略指定各自的官方联络员。

61. 中国—东盟环境保护合作中心和东盟秘书处环境办公室负责合作战略实施的协调和沟通。

62. 中国—东盟环境保护合作中心作为本战略的主要实施机构，同东盟相应机构合作，开发行动计划和时间表以执行本合作战略确定的活动。

5.2 资金机制

63. 实施中国—东盟环保合作战略的资金和其他支持来源包括但不限于：
   - 中国—东盟合作基金；
   - 中国政府提供的其他基金；
   - 中国和东盟成员国自愿提供的现金和实物资助；
   - 国际伙伴或第三国捐助的资金；
   - 私营企业捐助的资金。

64. 资金将用于支持合作战略的实施或双方同意开展的其他合作。

5.3 合作形式

65. 合作可根据中国和东盟的法律、法规、章程、国家政策和实践，以及需要和资金情况开展。

66. 根据东盟一体化倡议，合作特别是能力建设活动应该重点支持最不发达国家。

67. 合作将采取各种长期和务实的方式。

68. 鼓励地方机构参与中国—东盟环保合作，进一步强化其参与的广度与深度。

ASEAN-China Strategyon Environmental Cooperation (2016-2020)

1　Background

1.1　ASEAN-China Environmental Cooperation & Regional Sustainable Development

1. In the context that environmental degradation becomes a big challenge to the economic and social development in the world, sustainable development is widely recognized as development strategy by the international community. Enhancing environmental cooperation at national, regional and international levels is vital for countries to achieve sustainable development goals.

2. Since theorganization of the United Nations Conference on Environment and Development in 1992, the international community has actively carried out cooperation on sustainable development and the cooperation witnessed remarkable progress. In 2012, the United Nations Conference on Environment and Development held at Rio de Janeiro (Rio + 20 Conference) adopted the outcome document entitled "The Future We Want", which sets the direction and targets for the development and cooperation in the future. Given that the implementation of Millennium Development Goals(MDGs) will reach its end in 2015, consideration of a post 2015 development agenda is underway.

3. In the area of sustainable development cooperation, South-South cooperation among developing countries received increasing attention from the international community. As an important part of the efforts to promoteglobal sustainable development, South-South cooperation for sustainable development presents great importance and faces unprecedented opportunities.

4. The developing countries face various challenges in the field of sustainable development, such as inequitable development both within and among countries, environmental pollution and ecological degradation, lack of funds and technologies, and insufficient institutional and human capacityto address the environmental problems. The international financial crisis, climate change, food and energy shortage and intensive natural disasters cause even more difficulties fordeveloping countries to realize sustainable development.

5. As the most dynamic and diversified region in the world, Asia-Pacific region witnessed

rapid economic growth and partial achievement of MDGs over the past decades. However, the region is still home to a huge poor population. Their livelihood relies on the goods and service provided by sound environment and ecosystem. Pursuing sustainable development is particularly important for this region.

6. Strengthening ASEAN-China environmental cooperation will benefit developing countries in this regionby enhancing environmental quality and conservation of natural ecosystem, thereby contributing to the improvement of economic development quality, people's welfare, and the achievement of long-term developments goals.

1.2 New Progress of Environmental Protection in China and ASEAN

7. Both China and AMS are developing countries, facing similar problemssuch as environmental pollution, depletion of natural resources, loss of biodiversity, ecosystem degradation together with rapid growth of economy, growth of population, acceleration of industrialization and urbanization. To tackle the challenges, China and AMS have adopted a series of effective policies in combination with various measures, and made remarkable progress in promoting green and sustainable development.

8. In 2013, the Chinese government decided to comprehensively deepen the reform, by pushing forward the systemic and institutional reforms for environmental protection, promoting ecological civilization with the aim to build a "Beautiful China". The initiatives include acceleration of the establishment of the ecological civilization system, improvement of the administration of territorial management, and resources conservation and environmental protection.

9. In April 2014, the Revision of the Environmental Protection Law was ratified by the Standing Committee of National People's Congress of China. There are some critical breakthroughs in the revised "Environmental Protection Law", e.g.setting of the responsibilities of the governments at different levels for environmental protection, environment and economyrelated policies, classification of ecological function zones, delineation of ecological redlines, environmental supervision, monitoring and regulation, environmental information disclosure, encouragement of public participation, environmental public interests litigation, accountability, etc. It provides a solid legal safeguard to the environmental protection of China in the future.

10. The ASEAN Community building efforts have experienced important progress. In environment sector, progress has been made in the following 11 priority areas of cooperation as outlined in ASEAN Socio-Cultural Community Blueprint 2009-2015:

(a) addressing global environmental issues;

(b) managing and preventing transboundary environmental pollution;

(c) promoting sustainable development through environmental education and public participation;

(d) promoting Environmentally Sound Technology (EST);

(e) promoting quality living standards in ASEAN cities/ urban areas;

(f) harmonizing environmental policies and databases;

(g) promoting the sustainable use of coastal and marine environment;

(h) promoting Sustainable Management of Natural Resources and Biodiversity;

(i) promoting the sustainability of freshwater resources;

(j) responding to Climate Change and addressing its impacts;

(k) promoting Forest Sustainable Management.

11. Key programmes include implementation of ASEAN Peatland Management Strategy including the five (5)-year International Fund for Agricultural Development – Global Environment Facility (IFAD-GEF) project on rehabilitation of peatland forests in Southeast Asia, implementation of ASEAN Environmental Education Action Plan, development of ASEAN Guidelines on Eco-schools, and implementation of ASEAN Heritage Parks Programme and ASEAN Environmentally Sustainable City Award Programme.

2 Review of ASEAN-China Environmental Cooperation

12. China and ASEAN are close neighbours with common boundaries of mountains and rivers, similar cultures and traditions. Since the establishment of China-ASEAN strategic partnership between China and ASEAN, notable progress has been recorded. The environmental cooperation between China and ASEAN supports regional social and economic cooperation and helps deepen the mutual understanding and friendship among China and AMS. Following economic and social development in China and ASEAN, environmental protection has become a priority area in the ASEAN-China cooperation.

13. Building a resource-conserving, environmentally friendly society is a common goal for China and AMS. Protecting the environment, reducing environmental pollution, curbing ecological deterioration through strengthened cooperation serve the common interests of China and AMS. In 2003, China and ASEAN signedJoint Declaration of the Heads of State/Government of the Association of Southeast Asian Nations and the People's Republic of China on Strategic Partnership for Peace and Prosperity, which emphasized to strengthen cooperation through "more exchanges in science and technology, environment, education, culture, personnel", and enhance "mutual cooperation mechanism in these fields".

14. In November 2007, at the 11th ASEAN-China Summit, then Chinese Premier Mr. Wen Jiabao proposed to set up the China-ASEAN Environmental Cooperation Centerand formulate cooperation strategy. In 2009, ASEAN and China formulated and adopted the "ASEAN-China Strategy on Environmental Protection Cooperation 2009-2015", setting the goal, principles and six cooperation priority areas. In 2010, the Ministry of Environmental Protection of China established the China-ASEAN Environmental Cooperation Center. In 2011, ASEAN and China formulated and adopted "ASEAN-China Environmental Cooperation Action Plan (2011-2013)", and in 2013 they formulated and adopted "ASEAN-China Environmental Cooperation Action Plan (2014-2015)".

15. Under the framework of cooperation strategy and its action plan, ASEAN and China have implemented various cooperation activities including cooperation on high-level policy dialogues, ASEAN-China Green Envoys Program, biodiversity and ecological conservation, environmental industry and technology, and joint research, etc. The environmental cooperation between China and ASEAN contributes to the enhancement of South-South environmental cooperation.

2.1 Adoption of ASEAN-China Strategy on Environmental Protection Cooperation (2009-2015)

16. In 2009, the Minister of Environmental Protection of China and ASEAN Environment adopted "ASEAN-China Strategy on Environmental Protection Cooperation（2009-2015）". The overall objective of the Strategy is to strengthen ASEAN-China cooperation on agreed priority areas of environmental protection by taking a coordinated and step-by-step approach with a view to achieve environmental sustainability in the region.

17. During the period of the implementation of the ASEAN-China Strategy on Environmental Protection Cooperation(2009-2015), the environmental cooperation between China and ASEAN focused on six priority areas as follows [AMS]:

(a) public awareness and environmental education

(b) environmentally sound technology, environmental labeling and cleaner production

(c) biodiversity conservation

(d) environmental management capacity building

(e) cooperation on environmental goods and services

(f) global environmental issues

2.2　Adoption of ASEAN-China Environmental Cooperation Action Plan (2011-2013)

18. In 2011, China and ASEAN developed and adopted the "ASEAN-China Environmental Cooperation Action Plan (2011-2013)". The actions outlined in the Action Plan included conducting high level policy dialogue on environmental cooperation, launching and implementing the ASEAN-China Green Envoys Program, cooperation on biodiversity and ecological conservation, promotion of the environmental industry and technology exchange, and conducting joint research. National focal points were appointed for the implementation of the action plan. The China-ASEAN Environmental Cooperation Center and the Environmental Division of the ASEAN secretariat were responsible for coordination and implementation.

2.3　Adoption of ASEAN-China Environmental Cooperation Action Plan (2014-2015)

19. To further implement cooperation strategy and strengthen ASEAN-China environmental cooperation, after the expiration of the ASEAN-China Environmental Cooperation Action Plan (2011-2013) in 2013,China and ASEAN held the "Seminar on ASEAN-China Environmental Cooperation: Review and Prospect" in April 2013, and agreed to formulate a newaction plan. Consensus was reached on the content of the new action planduring the seminar.

20. In 2013, China and ASEAN jointly formulated and adopted "ASEAN-China Environmental Cooperation Action Plan (2014-2015)". The content of theASEAN-China Environmental Cooperation Action Plan (2014-2015) included: strengthening policy dialogue on environmental cooperation by organizing ASEAN-China Environmental Cooperation Forum; continuing implementation of the ASEAN-China Green Envoys Program; strengthening cooperation on biodiversity and ecological conservation, environmental industries and

technology; and developing ASEAN-China Environmental Outlook.

2.4　Establishment of the China-ASEAN Environmental Cooperation Center

21. With the approval of the Chinese Government, the Ministry of Environmental Protection of China launched the establishment of the China-ASEAN Environmental Cooperation Center in March 2010. H. E. Mr. Zhou Shengxian, then Minister of Environmental Protection of China, H. E. Dato' Misran Karmain, then Deputy Secretary General for ASEAN Socio-Cultural Community, and H. E. Mr. Hu Zhengyue,then Assistant Minister of Foreign Affairs of Chinainaugurated the establishment of the China-ASEAN Environmental Cooperation Center in May 2011.

22. As an open platform to promote environmental cooperation among China and AMS, the China-ASEAN Environmental Cooperation Center has the mandate to do the following:

(a) serve as a Focal Point for environmental cooperation between China and ASEAN;

(b) provide support to the government agencies both in China and in AMS for developing cooperation strategy/plan on environment;

(c) play the key roles and provide technical support on coordination and implementation of the programs and projects;

(d) facilitate the dialogues on environment and development policy, including the proposed China-ASEAN environment ministerial level meeting and other high level environmental exchange activities;

(e) promote of the cooperation on environmental technology, business community and the exchanges between public and privatesectors;

(f) conduct joint policy study on selected key issues in the region, and provide the policy recommendations to the policy makers; and

(g) develop of the partnership with all interested countries and international organizations and build up the network to support the programs and activities jointly developed by China and ASEAN.

2.5　Organizing ASEAN-China Environmental Cooperation Forum

23. ASEAN-China Environmental Cooperation Forum is an important platform for China and ASEAN to conduct high level policy dialogue, promote pragmatic cooperation and exchanges. The forum is focused on ASEAN-China environmental issues of common concern,

with the participation of policy maker, entrepreneurs, academicians and experts from China, AMS, international organizations, and non-governmental organisations, etc.

24. In October 2011, the first ASEAN-China Environmental Cooperation Forum was held in Nanning, China.Representatives from the ASEAN secretariat, environmental authorities of AMS, Minister of Environmental Protectionof China, local environmental departments, research institutions and enterprises, as well as international organizations and partners such as United Nations Environment Programme (UNEP), the United Nations Economic and Social Committee for Asia and the Pacific, and the Asian Development Bank participated in the Forum. The Forum themed "Innovation and Green Development" was one of the events of the 8th China-ASEAN Expo.

25. In September 2012, the second ASEAN-China Environmental Cooperation Forum was held in Beijing, China, with the participants from China, AMS and their embassies in China, ASEAN Center for Biodiversity, UNEP, Secretariat of United Nations Convention on Biological Diversity, Asian Development Bank, World Conservation Union, Fauna Flora International, World wildlife Fund,etc. The theme of the Forum was "Biodiversity and Regional Green Development".

26. In September 2013, the third ASEAN-China Environmental Cooperation Forum was held in Guilin, Guangxi province, with participants from China, AMS, international organizations and partners such as UNEP, the United Nations Economic and Social Committee for Asia and the Pacific, Asian Development Bank, etc. The theme of the Forum was "Building up Partnership for Regional Green Transformation". It was one of the events for the tenth anniversary of China-ASEAN strategic partnership, and also an important activity of the 10th China-ASEAN Expo.

27. In September 2014, the fourth ASEAN-China Environmental Cooperation Forum themed "National Strategy and Regional Cooperation for Sustainable Development: New Challenges and New Opportunities" was held in Nanning, Guangxi province, with the participants from China, AMS, international organizations and partners.

2.6 Launching and Implementing ASEAN-China Green Envoys Program

28. The ASEAN-China Green Envoys Program, officially launched in October 2011, is one action identified in the ASEAN-China Environmental Cooperation Action Plan (2011-2013),in

the area of public awareness and education. The program has three components, namely Green Innovation (capability building for government decision makers), Green Pioneer (awareness andeducation for youth) and Green Entrepreneur (establishment of partnership among enterprises for green development).

29. In order to implement the cooperation strategy, under the framework of ASEAN-China Green Envoys Program, ASEAN and China implemented following activities:

(a) Capacity building for policy makers

Green Envoys Program (GEP) has offered capacity building projects to decision makers from AMS via forums and workshops to meet the demands for green development and regional cooperation. Several projects have been conducted for this purpose, namely the Workshop on Environmental Enforcement in Beijing in April 2011, the Workshop on Green Economy and Environmental Management in Beijing in July 2012, the Workshop on Green Economy & Urban Environmental Management in Beijing in April 2013 and the Workshop on Environmental Impact Assessment in May 2014. Participants came from relative governmental departments, academies and international organizations both from China and AMS.

(b) Environmental education and public awareness for youth

GEP has attached great importance to the special role of the public awareness and participation by youth and has made a lot of efforts in this area, such as the Youth Seminar on Green Development in May 2012 in Beijing, the Youth Seminar on Green Economy and Ecological innovation in September 2012 in Beijing and, the Youth Seminar on Green School in July 2013 in Beijing, GEP is also active in ASEAN+3 Youth Environment Forum hosted by ASEAN. Participants from both China and ASEAN member countries have been involved in GEP. Moreover, GEP boosts the construction of the cooperation network among regional youth for more public participation and higher awareness.

(c) Platform and partnership building

Besides support from institutions like Asian Development Bank, Center for Environmental Education and Communications of Ministry of Environmental Protection of China, UNEP, GIZ, WWF, Science, Technology, and the Environment Partnership Centre (Ministry of Education, Brunei), Green Commuting Fund and Beijing Normal University, etc., GEP has developed a good relationship with environmental administrations both from China and AMS since its launch, as well as ASEAN Secretariat and other relevant institutes.

2.7 Promoting cooperation on Biodiversity and ecological conservation

30. Biodiversity conservation is one of the prioritiesidentified by theStrategy 2009-2015. Supported by Ministry of Environmental Protectionof China and the ASEAN secretariat, China-ASEAN Environmental Cooperation Center and ASEAN Centre for Biodiversity have developed the "ASEAN-China biodiversity and ecological protection cooperation plan". The project aims to support China and AMS to increase capacity to develop and implement policies, plans and actions of biodiversity and ecological conservation. Under the project, ASEAN and China carried out the personnel exchanges, held the ASEAN-China seminar on biodiversity conservation cooperation, and developed "Case studies on China–ASEAN biodiversity and ecological conservation" which was published in 2013.

31. With the support of the UNEP and in collaboration with ASEAN Center for Biodiversity, the China-ASEAN Environmental Cooperation Center organized the "Workshop on ASEAN-China implementation of biodiversity conservation strategy and Aichi target capacity building" and "Seminar on China - ASEAN biodiversity conservation practice" in Kunming, China in July 2013. Representatives from China, AMS, UNEP, Secretariat of the Convention on Biological Diversity, Secretariat of the Economics of Ecosystems and Biodiversity Conservation, International Union for Conservation of Nature, Fauna Flora International (FFI) attended the events.

32. With the support of UNEP, the China-ASEAN Environmental Cooperation Center and ASEAN Centre for Biodiversity together withinternational experts are developing the "ASEAN-China policy instruments and practices of cooperation on biodiversity conservation" which was completed in 2014.

33. With the recognition of the challenges of achieving Convention on Biological Diversity Strategic Plan 2011-2020 and the Aichi Target, South-South Cooperation on Biodiversity should be enhanced to complement North-South and triangular cooperation. This cooperation and the Multi-Year Plan of Action represent vital tools for China and ASEAN countries to enhance effective implementation through technology support and capacity building.

2.8 Advancing cooperation on environmentally sound technology and industry

34. Environmentally sound technology and industry is one of the priority areas identified in

the "ASEAN-China Environmental Protection Cooperation Strategy". Along with deepening regional economic integration and the emphasis on environmental problems, environmental technology and industry cooperation will play an important role in the future.

35. In 2012, with the support of the Ministry of Environmental Protection of China and the ASEAN Secretariat, CAEC developed the "ASEAN-ChinaCooperation Framework for Environmentally Sound Technology and Industry" which aims to provide a roadmap for China and the ASEAN to strengthen cooperation in environmentally sound technology and industry. The actions outlined in the framework includes setting up a network for environmentally sound technology and industrial cooperation, establishing a service platform, establishing demonstration base, and developing pilot projects, etc.

36. In October 2013, Premier Li Keqiang proposed to establish a China-ASEAN Demonstration Base for Environmental Technology and Industry cooperation as an initiative for China-ASEAN environmental industry cooperation at the 16th China-ASEAN Summit. In May 2014, the Conference on China-ASEAN Environmental Industry Cooperation was held by the Ministry of Environmental Protection in Yixing, China, supported by ASEAN Secretariat and AMS.The ASEAN-China Cooperation Framework for Environmentally Sound Technology and Industry was launched and the China-ASEAN Demonstration Base for Environmental Technology and Industry Cooperation (Yixing) was inaugurated at the conference.

2.9 Conduct joint policy research

37. China and ASEAN are working together to prepare the China-ASEAN Environment Outlook as required by the Action Plan. The ASEAN-China Environment Outlook is designed to analyze and assess the status and future development trend of cooperation on the environment and development between China and ASEAN from a regional perspective, to provide necessary knowledge, experience and tools for deepening environmental cooperation and further promoting regional sustainable development. The ASEAN-China Environment Outlook themed "Towards Green Development" emphasizes the evaluation of green development status in China and ASEAN, analyses major problems facing China and ASEAN in respect to environment and development, and summarises the main policies & measures and best practices for promoting green development by China and ASEAN, as well as provides policy recommendations on green development.

38. The application submitted by China-ASEAN Environmental Cooperation Center for support from China-ASEAN Cooperation Fund was approved. In February 2014, the kick-off meeting for China-ASEAN Environment Outlook project was held in Beijing, attended by ASEAN Secretariat representatives, members of core panels (including ASEAN, Chinese and international experts), and representatives from relevant international institutions. This meeting agreed on the outline and framework of the report, and defined the overall orientation of "Outlook, division of tasks, and timeline". This ASEAN-China Environment Outlook is due to be completed in 2015.

3 Objectives and Principles of Cooperation

3.1 Objectives of Cooperation

39. The overall objective of the ASEAN-China Strategy on Environmental Cooperation (2016-2020) is to strengthen ASEAN-China cooperation in priority areas of environmental protection by taking a coordinated and integrated approach with a view to achieving environmental sustainability in the region. The specific objectives of the ASEAN-China Strategy on Environmental Cooperation (2016-2020) are as follows:

(a) enhancing high-level policy dialogue with focus on environmental issues of common concern to increase understanding, enhance cooperation and secure the harmonization of interests of ASEAN and China;

(b) Enhancing dialogue and cooperation on environmental protection;

(c) improving capacity for national and regional environmental management through sharing knowledge and experiences and implementing joint actions;

(d) enhancing cooperation on priority areas, improving effectiveness and quality of cooperation, and developing good practices for regional and South-South[①] environmental cooperation; and

(e) supporting ASEAN Community's Post-2015 Vision.

3.2 Principles

40. The principles forguiding ASEAN-China environmental cooperation are as follows:

[①] South-South Cooperation is a term generally used to describe the exchange of resources, technology and knowledge between developing countries.

(a) taking coordinated and integrated steps to address global and regional environmental issues by taking into account obligations under multilateral environmental agreements (MEAs) [to which countries are parties to], as well as national circumstances and development status;

(b) conducting cooperation and dialogue on an equal position within the mandate and responsibilities of environmental authorities; and cooperation is based on the principles of mutual benefits, consultation and consensus.

4 Areas of Cooperation

4.1 Policy Dialogue and Exchange

41. Objective:

To provide variousplatforms for China and ASEAN environmental policy makers to exchange views on major regional environmental issues, to share environmental management experience, to improve cooperation by taking joint actions, and to carry out the consensus reached by China and ASEAN leaders.

42. Activities:

➢ organizing ASEAN-China Environmental Cooperation Forum; and

➢ organizing ASEAN-China Environment Ministers Meeting at an appropriate time.

4.2 Environmental Data and Information Management

43. Objective:

To enhance ASEAN and China's capacity to collect, process and utilize environmental data and information

44. Activities:

(a) developing ASEAN-China joint platform on environmental information sharing, a cooperation initiative made at the 17th ASEAN-China Summit;

(b) conducting knowledge and experience sharing on environmental information and data, by taking into account the possibility of harmonization of environmental standards; and

(c) conducting capacity building activities on collection, processing, and use of environmental information and data.

4.3 Environmental Impact Assessment (EIA)

45. Objective:

To enhance ASEAN and China's capacity in the field of environmental impact assessment through knowledge and experience sharing.

46. Activities:

(a) conducting capacity building cooperation on EIA; and

(b) conducting joint research on environmental impact assessment and management.

4.4 Biodiversity and Ecological Conservation

47. Objective:

To further develop and implement the ASEAN-China Cooperation Plan on Biodiversity and Ecological Conservation in collaboration with ASEAN Centre for Biodiversity, so as to improve China and AMS capacity and consciousness in developing policies, strategies or action plans with regard to biodiversity conservation, implementing the Convention on Biological Diversity and other international obligations, and promoting the conservation, management and sustainable use of biological resources.

48. Activities:

(a) sharing experience on ecological protection in both urban and rural areas and carrying out cooperation on demonstration projects;

(b) enhancing capacity for biodiversity protection to contribute to poverty alleviation, and climate change mitigation and adaptation;

(c) promoting cooperation on priority biodiversity conservation areas such as ASEAN Heritage Parks;

(d) promoting cooperation on marine environmental protection areas such as mangrove reserve, coastal zone planning, coral reefs restoring and marine liter pollution control;

(e) exploring the potential of biodiversity and strengthening monitoring of the current ecologicy conservation and demonstration cooperation;

(f) Promoting collaboration on scientific research in areas such as land-based pollution management, climate change research;

(g) Conducting study on policy tools and practices of biodiversity and ecological conservation. Such studies would include but not limited to:

(i) The Economic of Ecosystem services and Biodiversity

(ii) Fair and equitable sharing the benefits arising from the utilization of genetic resources and associated traditional knowledge

(iii) Management and eradication of invasive alien species

(iv) Private sector engagement

(v) Awareness raising for biodiversity conservation and sustainable use of its component; and

(h) Enhancing capacity to implement the Strategic Plan for Biodiversity 2011-2020 and its Aichi Biodiversity Targets.

4.5 Promoting Environmental Industry and Technology for Green Development

49. Objective:

To implement the ASEAN-China Cooperation Framework for Environmentally Sound Technology and Industry by building up a platform for information exchange, conducting demonstration projectsand developing joint research on environmental technology, in support of the 10-Year Framework on Sustainable Consumption and Production.

50. Activities:

- Implementing ASEAN-China Cooperation Framework for Environmentally Sound Technology and Industry;
- Strengthening communication and cooperation among government agencies, entrepreneurs, research institutes, researchers and associations in environmental protection industry between China and AMS by organizing conference on China-ASEAN environmental industry cooperation regularly and creatinga platform for sharing experience and promoting technology transfer among enterprises in China and ASEAN;
- Conducting collaborative research on environmental technology pollution prevention and treatment, and carrying out relatedtraining projects;
- Continuing to promote demonstration basesand exploring appropriate equipment and cooperation methods for AMS by selecting specific cooperation projectsand trying to conduct bilateral technological cooperation between China and specific AMS;
- Enhancing knowledge sharing in environmental labeling products certification,

organic certification. good agriculture practice attestation, and other mechanisms such as green supply chain to promote sustainable consumption and production; and

- Promoting bilateral cooperation on environmental labeling to establish China-ASEAN Environmental Labeling Alliance for green trade development.

4.6 Environmentally Sustainable Cities

51. Objective:

Improving the capability in promoting environmentally sustainable cities in China and ASEAN including small and growing urban areas through knowledge and experience sharing as well as network and partnership building.

52. Activities:

- conducting knowledge and experience sharing on urban ecological conservation to promote ecologically friendly urban development;
- strengthening cooperation on sustainable production and consumption in the context of urbanization.
- conducting cooperation on environmentally sound treatment and disposal of urban waste with linkage to the ASEAN Clean Air, Clean Water, Clean Land Initiative;
- promoting cooperation to address climate change mitigation and adaptation and on, environment-friendly, and climate resilient cities which supplement activities under the ASEAN Action Plan on Joint Response to Climate Change (AAP-JRCC) under the ASEAN Working Group on Climate Change (AWGCC);
- developing Environmentally Sustainable Cities (ESC) model cities through public and multi-partner participation;
- promoting cooperation with linkage to ASEAN ESC Model Cities programme;
- Promoting the use of certificates and awards as incentive measures; and
- Promoting a network to share knowledge and experiences on urban forestry/ forest management.

4.7 Environmental Education and Public Awareness

53. Objective:

Enhancing ASEAN-China public awareness of environmental protection through exchanges and cooperation between environmental education institutions as well as relevant government agencies and civil society of China and AMS, supporting the implementation of the ASEAN Environmental Education Action Plan (AEEAP) 2014-2018.

54. Activities:
- continuously implementing Green Envoys Program (GEP) for more actions in personnel exchange, capacity building and policy dialogues;
- setting up a platform for knowledge, know-how and good practices sharing for more public participation, through linkage with ASEAN Environmental Education Inventory Database;
- supporting Eco-schools in AMS and developing the cooperation network among youth in China and AMS, encouraging discussion on emerging environmental issues and promoting linkage with other international youth network within the region for more knowledge sharing for joint efforts; and
- mobilising resources among China and AMS for enhancing the implementation of environmental education and public awareness nationwide.

4.8 Institutional and Human Capability Building

55. Objective:

To enhance capacity of environmental management in China and AMS through various means under GEP.

56. Activities:
- strengthening comprehensive training for environment management personnel and enhancingcapacity for policy formulation on environmental economics and environment and health;
- providing a platform for sharing experience onenforcement of environmental laws, and relevant legislations; and
- conducting mutual visits and personnel exchanges of environment management personnel to improve their capacity for environment management in China and AMS.

4.9 Joint research

57. Objectives:

To promote communication and exchange and capacity building among scholars and think tanks in order to forge green think tanks in China and ASEAN

58. Activities:

(a) developing and releasing the China-ASEAN Environment Outlook; and

(b) carrying out studies on global and regional emerging environmental and development issues of common concern in China and ASEAN, and sharing the outcome of the studies through existing ASEAN-China cooperation mechanism in order to provide targeted, scientific and information-based policy recommendations for policymakers.

5 Implementation Arrangements

5.1 Institutional arrangement

59. The Ministry of Environmental Protection of China and the environmental authorities of AMS will provide guidance and supports for implementation of the strategy.

60. The environmental authorities of China and AMS will keep each other informed of their respective focal points for the implementation of the strategy.

61. The China-ASEAN Environmental Cooperation Center and the Environment Division of ASEAN Secretariat shall take charge of coordination and communication for the implementation of the strategy.

62. The China-ASEAN Environmental Cooperation Centershall serve as the main implementation agency of the strategy, in collaboration with its ASEAN counterpart institutions to develop plans of actions and milestones to implement the activities identified in the strategy.

5.2 Funding mechanism

63. The funding source and other support source for the implementation of the strategy include but are not limitedwithin the following:

- ASEAN-China cooperation fund;
- other funds provided by the government of China;
- support in cash or in kind provided by China and AMS on voluntary basis;
- funds donated by international partners or third countries; and
- funds donated by private sector.

64. The fund will be used to support the implementation of the strategy or other cooperation activities agreed by the two sides.

5.3 Forms of cooperation

65. The cooperation can be conducted in accordance with ASEAN and China's laws, rules, [AMS] regulations, national policies [AMS] and practices as well as the needs and funding availabilities.

66. The emphasis of the cooperation particularly the capability building activities should be placed on the lesser developed countries in accordance with Initiative for ASEAN Integration.

67. The cooperation will take various forms by taking a long term and programmatic approach.

68. AMS and China will encourage wider and deeper participation of local organizations into ASEAN-China environmental cooperation.

附录二　中国—东盟环境合作论坛（2016）参会人员名单

序号	姓名	机构及职务
一、中方		
（一）中方领导		
1	赵英民	中国环境保护部副部长
2	黄世勇	广西壮族自治区人民政府副主席
（二）中方嘉宾		
3	吴建新	广西壮族自治区人民政府副秘书长
4	刘志全	中国环境保护部科技标准司巡视员兼副司长
5	柏成寿	中国环境保护部自然生态保护司副司长
6	宋小智	中国环境保护部国际合作司副司长
7	郭敬	中国—东盟环境保护合作中心主任
8	吴国增	中国环境保护部华南环境科学研究所所长
9	檀庆瑞	广西壮族自治区环境保护厅厅长
10	姜晓亭	四川省环境保护厅厅长
11	刘初汉	深圳市人居环境委员会主任
12	徐恒	贵州省环境保护厅巡视员
13	黄蔓茳	澳门环境保护局副局长
14	邓成和	香港特区环保署高级环保主任
15	徐海根	中国环境保护部南京环境科学研究所副所长
16	董旭辉	中国环境保护部环境发展中心总工程师
17	张洁清	中国—东盟环境保护合作中心副主任
18	钟兵	广西壮族自治区环境保护厅副厅长
19	黎敏	广西壮族自治区环境保护厅副厅长
20	粟定成	广西壮族自治区环境保护厅副厅长
21	欧波	广西壮族自治区环境保护厅副厅长
22	邹颖明	广西壮族自治区环境保护厅纪检组长
23	邓超冰	广西壮族自治区环境保护厅总工程师
24	李一平	广西壮族自治区环境保护厅副巡视员
25	曹伯翔	广西壮族自治区环境保护厅副巡视员
26	孔令彬	宁夏环境保护厅副厅长
27	张在峰	湖南省环境保护厅副巡视员
28	黄政康	广西壮族自治区林业厅副厅长

序号	姓名	机构及职务
29	刘斌	广西壮族自治区海洋局副局长
30	侯刚	广西壮族自治区工业和信息化委员会副主任
31	刘中奇	广西壮族自治区水利厅副厅长
32	魏凤君	南宁市人民政府副市长
33	蹇兴超	防城港市人民政府副市长
34	陈勋	北海市人民政府副市长
35	刘祥民	中国铝业股份有限公司党组成员
36	徐文伟	粤桂合作特别试验区管理委员会主任
37	邵志军	四川环保产业协会副会长
38	元昌安	广西师范学院副校长
39	马少健	广西大学副校长
(三)国内相关机构代表		
40	张博	中国环境保护部办公厅
41	禹军	中国环境保护部科技标准司处长
42	李永红	中国环境保护部国际合作司处长
43	田舫	中国环境保护部国际合作司科员
44	俞海	中国环境保护部环境与经济政策研究中心环境战略部主任
45	李海林	中国生态文明研究与促进会合作与发展部副主任
46	陈清华	中国环境保护部华南环境科学研究所高级工程师
47	王勇	环境保护部环境保护对外合作中心处长
48	陈坤	环境保护部环境保护对外合作中心高级项目官员
49	李浩婷	环境保护部环境保护对外合作中心高级项目经理
50	崔菁文	中国—东盟中心商务官员
51	马勇	中国生物多样性保护与绿色发展基金会副秘书长
52	杨军	深圳市人居环境委员会规划处处长
53	江育良	深圳市龙岗区环境保护和水务局局长
54	王治仁	深圳市龙岗区环境保护和水务局副局长
55	温致平	深圳市环境保护产业协会会长
56	李智广	广东省环境保护厅宣传教育与交流合作处处长
57	区岳州	广东环保产业协会会长
58	钟奇振	广东省环境保护宣传教育中心宣传部主任
59	林文	广东省环境保护厅监测科技处处长
60	芮永峰	四川省环境保护厅办公室主任
61	邓新华	四川省环境保护科学研究院副院长
62	李春辉	四川环保产业协会项目主管

序号	姓名	机构及职务
63	赵宗湘	成都市锦江区环保局副调研员
64	廖江帆	成都市锦江区环保局科员
65	陈异晖	云南省环境科学研究院副院长
66	罗键	云南省环境保护厅对外交流合作处副调研员
67	沈佩瑾	云南省环境保护厅对外交流合作处科员
68	杨丽琼	云南省环境科学研究院高级工程师
69	张东赓	黑龙江省环境保护厅对外合作处副调研员
70	安建志	哈尔滨环保局环保产业办公室主任
71	龙子文	湖南省花垣县人民政府副县长
72	郑明杰	贵州省环境科学研究设计院副院长
73	徐波	福建省环境科学研究院院长
74	丁彤卒	乌鲁木齐经济技术开发区（头屯河区）管委会副主任
75	郭庆跃	乌鲁木齐经济技术开发区（头屯河区）环保局局长
76	邓旭升	广西壮族自治区人民政府处长
77	马腾	广西壮族自治区人民政府秘书
78	李新平	广西壮族自治区环境保护厅核安全总工
79	潘国尧	广西壮族自治区环境保护厅办公室主任
80	黄克	广西壮族自治区环境保护厅办公室副主任
81	胡展章	广西壮族自治区环境保护厅人事处处长
82	曾辉	广西壮族自治区环境保护厅规划财务处处长
83	周平顺	广西壮族自治区环境保护厅政策法规处处长
84	胡永东	广西壮族自治区环境保护厅科技标准处处长
85	廖平德	广西壮族自治区环境保护厅环境监测处处长
86	韦杰宏	广西壮族自治区环境保护厅环境影响评价管理处处长
87	陈继波	广西壮族自治区环境保护厅重金属污染防治处处长
88	陈祖芬	广西壮族自治区环境保护厅大气环境管理处处长
89	赖春苗	广西壮族自治区环境保护厅水环境管理处处长
90	李亮光	广西壮族自治区环境保护厅自然生态农村环境保护处处长
91	宁耘	广西壮族自治区环境保护厅核与辐射安全管理处处长
92	李当	广西壮族自治区环境保护厅监察室主任
93	廖居卫	广西壮族自治区环境保护厅机关党委书记
94	蒙美福	广西壮族自治区环境监察总队队长
95	谭良	广西辐射环境监督管理站站长
96	伍毅	广西环境监测中心站站长
97	宋红军	广西环境保护科学研究院院长

序号	姓名	机构及职务
98	曾广庆	广西环境保护科学研究院副院长
99	陈志明	广西环境保护科学研究院副院长
100	张立宏	广西环境保护科学研究院工程师
101	韩彪	广西环境保护科学研究院院长助理
102	林卫东	广西环境保护对外合作交流中心办公室主任
103	罗金福	广西壮族自治区海洋环境监测中心站站长
104	梁雅丽	广西壮族自治区环境宣传教育中心主任
105	郭建强	广西壮族自治区环境宣传教育中心副主任
106	杨宏斌	广西固体废物管理中心主任
107	郭福良	广西壮族自治区防城金花茶国家级自然保护区管理处主任
108	覃宪军	广西壮族自治区环境保护厅机关服务中心主任
109	文昭美	广西壮族自治区环境保护厅机关服务中心副主任
110	黄勇	广西环境应急与事故调查中心主任
111	黎一盈	广西壮族自治区环境信息中心主任
112	曾铜炳	广西壮族自治区环境信息中心副主任
113	朱垒	广西壮族自治区商务厅东盟处处长
114	左崖	柳州市柳北区人民政府区长
115	阮积海	柳州市环境保护局高级工程师
116	甘炳洪	防城港市环境保护局局长
117	宋毅	北海市环境保护局局长
118	阮高利	崇左市环境保护局局长
119	马伟荣	桂林市环境保护局总工程师
120	黄坚	贺州市环境保护局局长
121	王武坤	钦州市环境保护局总工程师
122	龚冲仪	玉林市环境保护局副调研员
123	罗志宏	广西百色市环境保护局总工程师
124	周明技	东兴市环保局局长
125	廖学清	梧州市环境保护局副局长
126	梁方全	河池市环境保护局监察支队支队长
127	刘世峰	来宾市环境保护局总工程师
128	韦好鹏	南宁市环境保护局局长
129	谢健	南宁市环境保护局副局长
130	覃卫文	南宁市环境保护局副局长
131	曾鸣	南宁市环境保护局副局长
132	陈莉	南宁市环境保护局总工程师

序号	姓名	机构及职务
133	梁德文	靖西市环境保护局副局长
134	黄华存	广西大学环境学院副院长
135	吴万洲	广西发改委环资处处长
136	胡军	工程技术应用研究员，贵州省环境保护国际合作中心
137	陈亚	评估中心产业部工作人员，贵州省环境保护厅
138	彭宾	中国—东盟环境保护合作中心处长
139	段飞舟	中国—东盟环境保护合作中心技术部负责人
140	石峰	中国—东盟环境保护合作中心政策部副处长
141	李博	中国—东盟环境保护合作中心室主任
142	庞骁	中国—东盟环境保护合作中心项目主管
143	李盼文	中国—东盟环境保护合作中心项目主管
144	王帅	中国—东盟环境保护合作中心项目主管
145	彭宁	中国—东盟环境保护合作中心项目主管
146	解然	中国—东盟环境保护合作中心项目主管
147	郭凯	中国—东盟环境保护合作中心项目主管
148	奚旺	中国—东盟环境保护合作中心项目主管
149	黄一彦	中国—东盟环境保护合作中心项目主管

（四）国内企业代表

序号	姓名	机构及职务
150	赵龙	宁东能源化工基地管理委员会环保局副局长
151	解尚明	广西天宁地产开发有限公司董事长
152	聂鑫淼	成都市环境保护产业协会秘书长
153	陈全涛	成都金臣环保科技有限公司董事长
154	孙婷	成都金臣环保科技有限公司项目主管
155	孙浩	中自环保科技股份有限公司企管专员
156	张才春	中国宜兴环保科技工业园管理委员会主任助理
157	徐云	中关村国际环保产业促进中心董事长
158	王彤	中关村国际环保产业促进中心总经理
159	金薇薇	中关村国际环保产业促进中心总经理助理
160	杨小毛	深圳市深港产学研环保工程技术股份有限公司董事长
161	郭楠	深圳市深港产学研环保工程技术股份有限公司分公司经理
162	徐根罗	泰中罗勇工业园开发有限公司总裁
163	罗铭键	软通动力信息技术（集团）有限公司广西销售总监
164	王吉	加绿再生资源发展战略咨询公司总经理
165	黄学年	广东理文造纸有限公司物流总监
166	张国夫	中国节能环保集团公司合作发展部副主任

序号	姓名	机构及职务
167	刘飞	中国节能环保集团公司合作部商务主管
168	王吉位	中国有色金属工业协会再生金属分会会长
169	李波	中国有色金属工业协会再生金属分会
170	李士龙	中国再生资源产业技术创新战略联盟
171	蔡中君	中信环境技术有限公司高级经理
172	薄伟康	中信信托有限责任公司副总经理
173	丁少辉	宁夏德坤环保科技实业集团有限公司总经理
174	朱红祥	广西博世科环保科技股份有限公司技术总监
175	杨崎峰	广西博世科环保科技股份有限公司副董事长
176	冯军	广西长润环境工程邮箱公司总经理
177	施军营	蓝德环保科技集团股份有限公司董事长
178	於永馥	广西北部湾水务集团有限公司董事长
179	郑才彬	广西汇泰环保科技有限公司副总经理
180	林泰成	华鸿水务集团有限公司常务副总经理
181	刘凯	广西神州立方环境资源有限责任公司总经理
182	白卫夫	广西国宏智鸿环境科技发展有限公司董事长
183	肖华	北京碧水源科技股份有限公司市场与投资中心副总监
184	宋宇婷	梧州进口再生资源加工园区投资管理有限公司
185	莫建炎	长沙奥邦环保实业有限公司董事
186	吴聪	蓝德环保科技集团股份有限公司华南区副总经理
187	陈国宁	广西博世科环保科技股份有限公司常务副总经理
188	汪冬冬	上海复星创富投资管理股份有限公司投资总监
189	江春成	梧州进口再生资源加工园区管理委员会副主任
190	王起义	广西宏业环保节能工程有限公司副总经理
191	李海贞	广西宏业环保节能工程有限公司技术经理
192	黄敏	广西鸿生源环保科技有限公司董事长
193	冯光兴	广西鸿生源环保科技有限公司
194	邓秀汕	广西力源宝科技有限公司董事长
195	徐斌元	广西绿城水务股份有限公司总经理
196	雷钦平	三峰环境集团董事长
197	唐国华	三峰环境集团副总经理
198	顾伟文	三峰环境集团总经理助理
199	陈唐思	三峰环境集团综合部部长
200	陈柯宇	三峰环境集团团委书记
201	李志红	南宁三峰能源有限公司总经理

序号	姓名	机构及职务
202	刘刚	南宁三峰能源有限公司副总经理
203	陈庆福	南宁三峰能源有限公司常务副总经理
204	张冬逢	南宁三峰能源有限公司环保专员
205	卢七	重庆三峰卡万塔环境产业有限公司国际业务部长
206	林炳峰	广西微科环保科技有限公司董事长
207	黄付平	广西环保产业协会秘书长
208	徐福州	中关村国家环境服务业发展联盟常务副秘书长
209	白洋	广西鸿生源环保科技有限公司副总经理
210	黄枰	广西金圆环保科技有限公司项目负责总经理
211	周庆国	南丹县吉朗铟业有限公司
212	余意	南宁市桂润环境工程有限公司

二、外方

（一）外方嘉宾

序号	姓名	机构及职务
213	楚范玉贤	越南自然资源与环境部副部长
214	尹金生	柬埔寨环境部国务秘书
215	翁贴·阿萨凯瓦瓦提	东盟秘书处副秘书长
216	邢玉泉	新加坡环境及水源部副常务秘书（政策）
217	阿然雅·南塔波提代克	泰国自然资源与环境部副常务秘书
218	伊莎贝拉·路易斯	联合国环境规划署亚太区域局代理局长
219	尼奥·奥康纳	斯德哥尔摩环境研究所亚洲中心主任
220	斯蒂芬·舒瑞格	世界未来委员会理事，气候变化、能源与城市全球总监

（二）东盟及其他国家代表

序号	姓名	机构及职务
221	萨罗杰·斯瑞赛	东盟秘书处环境处副处长
222	费利博托·波利斯克	东盟生物多样性中心保护政策研究专家
223	夏梅恩·伊娜勒丝	东盟生物多样性中心项目官员
224	范·摩尼奈斯	柬埔寨环境部国家可持续发展委员会副秘书长
225	因卓·伊克丝普罗塔西娅	印度尼西亚环境与林业部林业与环境科技处处长
226	苏真·普利亚托	印度尼西亚环境与林业部爪哇生态开发管理中心主任
227	穆罕穆德·安迪·库素马	印度尼西亚环境与林业部固废管理司副处长
228	阿瑞夫·苏玛吉	印度尼西亚环境及林业部固废管理司监测部门主管
229	洛克汉姆·阿特萨那万	老挝自然资源与环境部环境质量促进司司长
230	苏克威利·维拉旺	老挝自然资源与环境部环境质量司副处长
231	耶格·瓦查	琅勃拉邦城市开发管理委员会可持续模范城市项目经理
232	尼特萨瓦·普拉旺威汉姆	老挝艾格利克进出口联合开发有限公司董事长
233	谭波洪	马来西亚自然资源与环境部首席助理秘书

序号	姓名	机构及职务
234	万·阿卜杜·拉提夫·贾法尔	马来西亚自然资源与环境部处长
235	哈兹瑞纳·宾提·萨拉赫	马来西亚环境部执法处高级官员
236	尼尼昂	缅甸自然资源与环境保护部环境保护司处长
237	科辛·努努苏	缅甸自然资源与环境保护部环境保护司官员
238	尼尼顿	缅甸林业公司副总经理
239	哈妙	缅甸曼德勒市开发委员会副处长
240	阿诺德·索拉诺	菲律宾马莱市政府环境管理服务局主任
241	珍妮弗·维嘉拉	马尼拉水务公司长滩岛分公司执行主任
242	林慧猛	新加坡环境及水源部国际政策署助理署长（国际关系）
243	许碧芬	新加坡环境及水源部国际政策署高级执行员（国际关系）
244	汤睿琪	新加坡环境及水源部环境政策署执行员
245	朗纳帕·帕塔娜维布	泰国自然资源与环境部国际合作办公室处长
246	阿帕波·斯利博普拉萨	泰国自然资源与环境部污染防治司环境专家
247	钦开·科萨德	泰国自然资源与环境部国际合作办公室环境专家
248	艾尔苏帕·赛菲特	泰国自然资源与环境部政策与规划办公室环境专家
249	希塔拉·钱特斯	泰国自然资源与环境部污染防治司环境专家
250	索姆斯特·穆萨丹	泰国工业联合会环境管理产业分会荣誉主席
251	阮德东	越南自然资源和环境部环境管理总局副司长
252	阮仙杭	越南自然资源与环境部国际合作司官员
253	莽宛赛	越南高平省资源与环境厅副区长
254	隆亭泰	越南高平省资源与环境厅干部
255	黄元	越南高平省资源与环境厅官员
256	阮文洪	越南农业部安模农业机械有限公司总经理
257	瓦卡尔候赛因	巴基斯坦卡拉奇市信德省政府环境及海岸发展部门主任
258	奥莫·拉贝·艾美瓦德	斯里兰卡外交部司长
259	拉森沙·瑞彦思·丽彦娜	斯里兰卡外交部可持续城市转型处长
（三）国际机构及合作伙伴代表		
260	查雅妮丝·克里塔苏查池瓦	斯德哥尔摩环境研究所亚洲中心副主任
261	阿古斯·努格罗	斯德哥尔摩环境研究所亚洲中心项目主管
262	孙淼洁	斯德哥尔摩环境研究所亚洲中心项目协调员
263	卡尔·米德尔顿	朱拉隆功大学政治学院社会发展研究中心副主任
264	萨方松·查希瓦	老挝农业与林业部科技委员会主任
265	哈普·娜薇	柬埔寨内陆渔业研究发展中心副主任
266	尹环英	世界未来委员会高级项目专家
267	孟菌	联合国环境规划署世界自然保护监测中心特别顾问
268	纳如蓬·苏坤玛莎文	湄公河委员会处长

No.	Name	Organization and Title
I. ASEAN		
		Cambodia
1	Yin Kimsean	Secretary of State, Ministry of Environment, Cambodia
2	Vann Monyneath	Deputy Secretary General, National Council for Sustainable Development, Ministry of Environment, Cambodia
		Indonesia
3	Indra Exploitasia	Director for Technicality of Forestry and Environmental, Ministry of Environment and Forestry, Indonesia
4	Sugeng Priyanto	Director of Center for Ecoregion Java Development Control, Center for Ecoregion Java Development Control, Ministry of Environment and Forestry, Indonesia
5	M. Noor Andi Kusumah	Deputy Director for Performance Assessment of Waste Management, Directorate of Waste Management, Ministry of Environment and Forestry, Indonesia
6	Arief Sumargi	Head of Monitoring Section, Directorate of Waste Management, Ministry of Environment and Forestry, Indonesia
		Lao PDR
7	Lonkham Atsanavong	Acting Director-General, Department of Environmental Quality Promotion, MoNRE, Laos
8	Soukvilay Vilavong	Deputy Director, Administration and Planning Division, Department of Environmental Quality Promotion, MoNRE, Laos
9	Yengher Vacha	Deputy Manager of ASEAN ESC Model Cities Program, Luang Prabang Urban Development and Administration Authority
10	Nitsavanh Loungkhot Pravongviengkham	President, Union Development Agricole Import-Export Co., LTD (UD Farm)
		Malaysia
11	Tan Beng Hoe	Principal Assistant Secretary, Ministry of Natural Resources and Environment, Malaysia
12	Wan Abdul Latiff Bin Wan Jaaffar	Director, Strategic Communication Division, Department of Environment
13	Hazrina Binti Salleh	Senior Environmental Control Officer, Enforcement Division
		Myanmar
14	Ni Ni Aung	Director, Environmental Conservation Department Ministry of Natural Resources and Environmental Conservation, Myanmar

No.	Name	Organization and Title
15	Khin Nu Nu Soe	Staff Officer, Environmental Conservation Department Ministry of Natural Resources and Environmental Conservation, Myanmar
16	Nyi Nyi Tun	Deputy General Manager, Myanmar Timber Enterprise
17	Hla Myo	Deputy Director, Cleaning Department, Mandalay City Development Committee (MCDC)
The Philippines		
18	Arnold I. Solano	Head, Environmental Management Services Unit, Local Government Unit (LGU), Municipality of Malay
19	Jennife Vergara	Operations Head, Boracay Island Water Company, Subsidiary of Manila Water Philippine Ventures
Singapore		
20	Hing Nguk Juon Amy	Deputy Secretary (Policy), Ministry of the Environment and Water Resources
21	Lim Hui Mum, Melvin	Assistant Director (International Relations), International Policy Division, Ministry of the Environment and Water Resources
22	Koh Peck Hoon, Cecilia	Senior Executive (International Relations), International Policy Division, Ministry of the Environment and Water Resources
23	Priscilla Tong Rui Qi	Executive (Sustainability), Ministry of the Environment and Water Resources
Thailand		
24	Araya Nuntapotidech	Deputy Permanent Secretary, Ministry of Natural Resources and Environment, Thailand
25	Rungnapar Pattanavibool	Director, Office of International Cooperation on Natural Resources and Environment, MoNRE, Thailand
26	Apaporn Siripornprasarn	Environmentalist (professional level), Pollution Control Department, MoNRE, Thailand
27	Kingkarn Kheawsaad	Environmentalist (professional level), Office of International Cooperation on Natural Resources and Environment, MoNRE, Thailand
28	Aornsupa Saiphet	Environmentalist (Professional Level), Office of Natural Resources and Environmental Policy and Planning, Ministry of Natural Resources and Environment, Thailand
29	Seetala Chantes	Environmentalist (Practitional Level), Pollution Control Department, Ministry of Natural Resources and Environment, Thailand
30	Sonsit Moonsatan	Honorary President, Environmental Management Industry Club, the Federation of Thai Industries

No.	Name	Organization and Title
		Viet Nam
31	Chu Pham Ngoc Hien	Vice Minister, Ministry of Natural Resources and Environment of Viet Nam
32	Nguyen The Dong	Deputy Director General, Vietnam Environment Administration, Ministry of Natural Resources and Environment of Vietnam
33	Nguyen Thuy Hang	Officer, International Cooperation Department, Ministry of Natural Resources and Environment of Viet Nam
34	Mongvansai	Deputy Director of Sub-DONRE, Deparrent of Natural Resources and Environment, Cao Bằng province, Vitenam
35	Luong Dinh Thi	officer of Cao Bang DONRE, Department of Natural Resources and Environment, Cao Bằng province, Vitenam
36	Hoang Tuan	Chief of office of Cao Bang DONRE, Deparrent of Natural Resources and Environment, Cao Bằng province, Vitenam
37	NGUYEN VANHUONG	Manager General, Anmo agricultural machinery Co., Ltd, Ministry of Agricultere, Vietnam
		ASEAN Secretariat
38	Vongthep Arthakaivalvatee	Deputy Secretary-General for ASCC, ASEAN Secretariat
39	Saroj Srisai	Assistant Director of Environment Division, ASEAN Secretariat
		ASEAN Centre for Biodiversity
40	Filiberto Jr Arnoco Pollisco	Program Specialist for Conservation, Policy & Research, ASEAN Centre for Biodiversity
41	Sharmaine Joy Pasagui Enales	Executive Assistant, ASEAN Centre for Biodiversity
II. China		
42	Zhao Yingmin	Vice-Minister, Ministry of Environmental Protection, China
43	Huang Shiyong	Vice-Governor, Guangxi Zhuang Autonomous Region, China
44	Wu Jianxin	Deputy Secretary General, Guangxi Zhuang Autonomous Region, China
45	Liu Zhiquan	Deputy Director General, Department of Science, Technology and Standards, Ministry of Environmental Protection, China
46	Bai Chengshou	Deputy Director General, Department of Ecological Conservation, Ministry of Environmental Protection, China
47	Song Xiaozhi	Deputy Director General, Department of International Cooperation, Ministry of Environmental Protection, China
48	Guo Jing	Director General, China-ASEAN Environmental Cooperation Center, Ministry of Environmental Protection, China

No.	Name	Organization and Title
49	Wu Guozeng	Director General, South China Institute of Environmental Sciences, Ministry of Environmental Protection, China
50	Tan Qingrui	Director General, Department of Environmental Protection of Guangxi Zhuang Autonomous Region, China
51	Jiang Xiaoting	Director General, Department of Environmental Protection Department of Sichuan Province, China
52	Liu Chuhan	Director General, Human Settlements and Environment Commission of Shenzhen
53	Xu Heng	Counselor, Department of Environmental Protection of Guizhou Province, China
54	Huang Manhong	Deputy Director General, Environmental Protection Bureau, the Government of the Macao Special Administrative Region, China
55	Deng Chenghe	Senior Director, Environemtal Protection Department, the Government of the Hong Kong Special Administrative Region, China
56	Xu Haigen	Deputy Director General, Nanjing Institute of Environmental Sciences, Ministry of Environmental Protection, China
57	Dong Xuhui	Chief Engineer, Environmental Development Center, Ministry of Environmental Protection, China
58	Zhang Jieqing	Deputy Director General, China-ASEAN Environmental Cooperation Center, Ministry of Environmental Protection, China
59	Zhong Bing	Deputy Director General, Department of Environmental Protection of Guangxi Zhuang Autonomous Region, China
60	Li Min	Deputy Director General, Department of Environmental Protection of Guangxi Zhuang Autonomous Region, China
61	Su Dingcheng	Deputy Director General, Department of Environmental Protection of Guangxi Zhuang Autonomous Region, China
62	Ou Bo	Deputy Director General, Department of Environmental Protection of Guangxi Zhuang Autonomous Region, China
63	Zou Yingming	Discipline Leader, Department of Environmental Protection of Guangxi Zhuang Autonomous Region, China
64	Deng Chaobing	Chief Engineer, Department of Environmental Protection of Guangxi Zhuang Autonomous Region, China
65	Li Yiping	Vice Counselor, Department of Environmental Protection of Guangxi Zhuang Autonomous Region, China
66	Cao Boxiang	Vice Counselor, Department of Environmental Protection of Guangxi Zhuang Autonomous Region, China

No.	Name	Organization and Title
67	Kong Lingbin	Deputy Director General, Department of Environmental Protection of Ningxia Hui Autonomous Region, China
68	Zhang Zaifeng	Vice Counselor, Department of Environmental Protection of Hu'nan Province, China
69	Huang Zhengkang	Deputy Director General, Department of Forestry of Guangxi Zhuang Autonomous Region, China
70	Liu Bin	Deputy Director General, Oceanic Administration of Guangxi Zhuang Autonomous Region, China
71	Hou Gang	Deputy Director General, Industry and Information Technology Commission of Guangxi Zhuang Autonomous Region, China
72	Liu Zhongqi	Deputy Director General, Department of Water Resources of Guangxi Zhuang Autonomous RegionZhuang Autonomous Region, China
73	Wei Fengjun	Vice Mayor, Government of Nanning, China
74	Jian Xingchao	Vice Mayor, Government of Fangchenggang
75	Chen Xun	Vice Mayor, Government of Beihai
76	Xu Wenwei	Director, Yugui Cooperation Special Test Area Management Committee
77	Shao Zhijun	Deputy Director General, Sichuan Association of Environmental Protection Industry
78	Yuan Changan	Vice President, Guangxi Teachers Education University
79	Ma Shaojian	Vice President, Guangxi University
80	Liu Xiangmin	Party Leadership Group Member, Aluminum Corporation of China
81	Zhang Bo	Officer, Ministry of Environmental Protection, China
82	Yu Jun	Director, Department of Science, Technology and Standards, Ministry of Environmental Protection, China
83	Li Yonghong	Director, Department of International Cooperation, Ministry of Environmental Protection, China
84	Tian Fang	Officer, Department of International Cooperation, Ministry of Environmental Protection, China
85	Yu Hai	Director & Senior Research Fellow, Policy Research Center for Environment and Economy, Ministry of Environmental Protection, China
86	Li Hailin	Deputy Director, Department of Cooperation and Development, Chinese Ecological Civilization Research and Promotion Association
87	Chen Qinghua	Senior Engineer, South China Institute of Environmental Sciences, Ministry of Environmental Protection, China
88	Wang Yong	Director, Foreign Economic Cooperation Office, Ministry of Environmental Protection, China

No.	Name	Organization and Title
89	Chen Kun	Senior Project Officer, Foreign Economic Cooperation Office, Ministry of Environmental Protection, China
90	Li Haoting	Senior Project Manager, Foreign Economic Cooperation Office, Ministry of Environmental Protection, China
91	Cui Jingwen	Business Officer, ASEAN-China Center, China
92	Ma Yong	Deputy Secretary General, China Biodiversity Conservation and Green Development Foundation
93	Yang Jun	Director, Division for Planning, Human Settlements and Environment Commission of Shenzhen, China
94	Jiang Yuliang	Director, Department of Environmental Protection and Water Resources of Longgang District, Shenzhen, China
95	Wang Zhiren	Deputy Director, Department of Environmental Protection and Water Resources of Longgang District, Shenzhen, China
96	Wen Zhiping	Chair, Shenzhen Association of Environmental Protection Industry, China
97	Li Zhiguang	Director, Division for Public Education, Communication and Cooperation, Department of Environmental Protection of Guangdong, China
98	Ou Yuezhou	Chair, Guangdong Association of Environmental Protection Industry, China
99	Zhong Qizhen	Chief, Environmental Education Center, Department of Environmental Protection of Guangdong, China
100	Lin Wen	Director, Division for Monitoring, Department of Environmental Protection of Guangdong, China
101	Rui Yongfeng	Director of Division, Department of Environmental Protection of Sichuan, China
102	Deng Xinhua	Deputy Director General, Institute of Environmental Science of Sichuan, China
103	Li Chunhui	Project Manager, Environmental Protection Industry Association of Sichuan, China
104	Zhao Zongxiang	Deputy Director of Division, Environmental Protection Bureau of Jinjiang, Chengdu, Sichuan Province, China
105	Liao Jiangfan	Officer, Environmental Protection Bureau of Jinjiang, Chengdu, Sichuan Province
106	Chen Yihui	Deputy Director General, Institute of Environmental Science of Yunnan Province
107	Luo Jian	Deputy Director, International Cooperation Division, Department of Environmental Protection of Yunnan, China
108	Shen Peijin	officer, International Cooperation Division, Department of Environmental Protection of Heilongjiang, China

No.	Name	Organization and Title
109	Yang Liqiong	Senior Engineer, Institute of Environmental Science of Yunnan Province, China
110	Zhang Donggeng	Deputy Director, International Cooperation Division, Department of Environmental Protection of Heilongjiang, China
111	An Jianzhi	Director, Environmental Protection Industry Office, Harbin Municipal Environmental Protection Bureau, China
112	Long Ziwen	Deputy Chief, Huaxian County, Hunan Province, China
113	Zheng Mingjie	Deputy Director General, Institute of Environmental Science and Research of Guizhou Province, China
114	Xu Bo	Director General, Institute of Environmental Science of Fujian Province, China
115	Ding Tongzu	Deputy Director General, Management Committee, Economic and Technological Development Zone (Toutun River District) of Urumqi, China
116	Guo Qingyue	Director, Department of Environmental Protection, Economic and Technological Development Zone (Toutun River District) of Urumqi, China
117	Deng Xusheng	Director, Government Zhuang Autonomous Region of Guangxi, China
118	Ma Teng	Secretary, Government Zhuang Autonomous Region of Guangxi, China
119	Li Xinping	Chief engineer for Nuclear Safty, Department of Environmental Protection of Guangxi, China
120	Pan Guorao	Director of Office, Department of Environmental Protection of Guangxi, China
121	Huang Ke	Deputy Director of Office, Department of Environmental Protection of Guangxi, China
122	Hu Zhanzhang	Director, Division for Human Resource Management, Department of Environmental Protection of Guangxi, China
123	Zeng Hui	Director, Division for Financial Arrangement, Department of Environmental Protection of Guangxi, China
124	Zhou Pingshun	Director, Division for Policy and Regulation, Department of Environmental Protection of Guangxi, China
125	Hu Yongdong	Director, Division for Technology Standards, Department of Environmental Protection of Guangxi, China
126	Liao Pingde	Director, Division for Environmental Supervision, Department of Environmental Protection of Guangxi, China
127	Wei Jiehong	Director, Division for Environmental Impacts Evaluation Management, Department of Environmental Protection of Guangxi, China
128	Chen Jibo	Director, Division for Metal Pollution Prevention and Control, Department of Environmental Protection of Guangxi, China
129	Chen Zufen	Director, Division for Atmospheric Environment Management, Department of Environmental Protection of Guangxi, China

No.	Name	Organization and Title
130	Lai Chunmiao	Director, Division for Water Resource Management, Department of Environmental Protection of Guangxi, China
131	Li Liangguang	Director, Division for Natural Ecology and Rural Environmental Protection, Department of Environmental Protection of Guangxi, China
132	Ning Yun	Director, Division for Nuclear and Radiation Safety Management, Department of Environmental Protection of Guangxi, China
133	Li Dang	Director, Division for Environmental Supervision, Department of Environmental Protection of Guangxi, China
134	Liao Juwei	Director, Party Committee of Department of Environmental Protection of Guangxi, China
135	Meng Meifu	Director General, Environmental Monitoring Group of Guangxi, China
136	Tan Liang	Director General, Radiation Environmental Monitoring and Management Station of Guangxi, China
137	Wu Yi	Director General, Environmental Monitoring Center Station of Guangxi, China
138	Song Hongjun	Director General, Scientific Research Academy of Guangxi, China
139	Zeng Guangqing	Deputy Director General, Scientific Research Academy of Guangxi, China
140	Chen Zhiming	Deputy Director General, Scientific Research Academy of Guangxi, China
141	Zhang Lihong	Engineer, Scientific Research Academy of Guangxi, China
142	Han Biao	Assistant, Scientific Research Academy of Guangxi, China
143	Lin Weidong	Director, Guangxi Environmental Protection International Cooperation and Exchange Center
144	Luo Jinfu	Director General, Marine Environmental Supervision Station of Guangxi, China
145	Liang Yali	Director, Environmental Publicity and Education Center of Guangxi, China
146	Guo Jianqiang	Deputy Director, Environmental Publicity and Education Center of Guangxi, China
147	Yang Hongbin	Director, Center of Solid Waste Management of Guangxi, China
148	Guo Fuliang	Director, Huaping National Nature Reserve Administration Office of the Guangxi, China
149	Tan Xianjun	Director, Agency Service Center, Department of Environmental Protection of Guangxi, China
150	Wen Zhaomei	Deputy Director, Agency Service Center, Department of Environmental Protection of Guangxi, China
151	Huang Yong	Director, Environmental Emergency and Accident Investigation Center of Guangxi, China
152	Li Yiying	Director, Environmental Information Center of Guangxi, China
153	Zeng Tongbing	Deputy Director, Environmental Information Center of Guangxi, China

No.	Name	Organization and Title
154	Zhu Lei	Director, Division for ASEAN Cooperation, Department of Economics of Guangxi, China
155	Zuo Ya	Director General, Government of Liubei District, Liuzhou City
156	Ruan Jihai	Senior Engineer, Environmental Protection Bureau of Liuzhou
157	Gan Binghong	Director General, Environmental Protection Bureau of Fangchenggang
158	Song Yi	Director General, Environmental Protection Bureau of Beihai
159	Ruan Gaoli	Director General, Environmental Protection Bureau of Chongzuo
160	Ma Weirong	Chief Engineer, Environmental Protection Bureau of Guilin
161	Huang Jian	Director General, Environmental Protection Bureau of Hezhou, China
162	Wang Wukun	Chief Engineer, Environmental Protection Bureau of Qinzhou, China
163	Gong Chongyi	Deputy Director, Environmental Protection Bureau of Yulin, China
164	Luo Zhihong	Chief Engineer, Environmental Protection Bureau of Baise, China
165	Zhou Mingji	Director, Environmental Protection Bureau of Dongxing, China
166	Liao Xueqing	Deputy Director, Environmental Protection Bureau of Wuzhou, China
167	Liang Fangquan	Branch Monitor, Office of Supervision, Environmental Protection Bureau of Hechi, China
168	Liu Shifeng	Chief Engineer, Environmental Protection Bureau of Laibin, China
169	Wei Haopeng	Director General, Environmental Protection Bureau of Nanning, China
170	Xie Jian	Deputy Director General, Environmental Protection Bureau of Nanning, China
171	Tan Weiwen	Deputy Director General, Environmental Protection Bureau of Nanning, China
172	Zeng Ming	Deputy Director, Environmental Protection Bureau of Naning, China
173	Chen Li	Chief Engineer, Environmental Protection Bureau of Nanning, China
174	Liang Dewen	Deputy Director General, Environmental Protection Bureau of Jingxi, China
175	Huang Huacun	Vice President, School of Environmental Science, Guangxi University
176	Wu Wanzhou	Director, Department of Environment and Resource, Guangxi Zhuang Autonomous Region Development And Reform Commission, China
177	Hu Jun	Engineering Technology Application Researcher, International Cooperation Center, Department of Environmental Protection of Guizhou, China
178	Chen Ya	Officer, Appraisal Center for Environment & Engineering, Department of Environmental Protection of Guizhou, China
179	Peng Bin	Director, China-ASEAN Environmental Cooperation, MEP, China
180	Duan Feizhou	Director, China-ASEAN Environmental Cooperation, MEP, China
181	Shi Feng	Deputy Director, China-ASEAN Environmental Cooperation, MEP, China
182	Li Bo	Director, China-ASEAN Environmental Cooperation, MEP, China
183	Pang Xiao	China-ASEAN Environmental Cooperation, MEP, China

No.	Name	Organization and Title
184	Li Panwen	China-ASEAN Environmental Cooperation, MEP, China
185	Wang Shuai	China-ASEAN Environmental Cooperation, MEP, China
186	Peng Ning	China-ASEAN Environmental Cooperation, MEP, China
187	Xie Ran	China-ASEAN Environmental Cooperation, MEP, China
188	Guo Kai	China-ASEAN Environmental Cooperation, MEP, China
189	Xi Wang	China-ASEAN Environmental Cooperation, MEP, China
190	Huang Yiyan	China-ASEAN Environmental Cooperation, MEP, China
191	Zhao Long	Deputy Director, Department of Environmental Protection, Management Committee of Ningdong Energy and Chemical Industry Base
192	Xie Shangming	President, Guangxi Tianning Estate Development Co., Ltd.
193	Nie Xinmiao	Secretary General, Environmental Protection Industry Association of Chengdu
194	Chen Quantao	President, Chengdu Jinchen Environmental Science and Technology Co., Ltd.
195	Sun Ting	Project Manager, Chengdu Jinchen Environmental Science and Technology Co., Ltd.
196	Sun Hao	Specialist, Zhongzi Environmental Science and Technology Co., Ltd.
197	Zhang Caichun	Assistant to Director, Environmental Protection Science and Technology Industrial Park Management Committee of Yixing
198	Xu Yun	President, Zhongguancun International Environmental Protection Industry Promotion Center
199	Wang Tong	General Manager, Zhongguancun International Environmental Protection Industry Promotion Center
200	Jin Weiwei	Assistant to General Manager, Zhongguancun International Environmental Protection Industry Promotion Center
201	Yang Xiaomao	Chairman, Shenzhen ier Environmental Protection engineering Limited by Share Ltd.
202	Guo Nan	Branch Manager, Beijing, Shenzhen IER Environmental Protection Engineering Limited by Share Ltd.
203	Xu Genluo	President, Thai-Chinese Rayong Industrial Park Development Co., Ltd.
204	Luo Mingjian	Sales Director, Guangxi, ISoftStone Information Technology (Group) Co., Ltd.
205	Wang Ji	General Manager, Jialu Renewable Resource Development Strategic Consulting Cooperation
206	Huang Xuenian	Logistics Director, Guangdong Liwen Manufacturing Co., Ltd
207	Zhang Guofu	Deputy Director, Department of Business Cooperation and Development, China Energy Conservation and Environmental Protection Group Co., Ltd.
208	Liu Fei	Manager, Department of Business Cooperation and Development, China Energy Conservation and Environmental Protection Group Co., Ltd.

No.	Name	Organization and Title
209	Wang Jiwei	President, Recycled Metal Branch, China Nonferrous Metals Industry Association
210	Li Bo	Officer, Recycled Metal Branch, China Nonferrous Metals Industry Association
211	Li Shilong	China Renewable Resources Industry Technology Innovation Strategic Alliance
212	Cai Zhongjun	Senior Manager, CITIC Environmental Technology Co. Ltd.
213	Bo Weikang	Deputy General Manager, CITIC Trust Co. Ltd
214	Ding Shaohui	General Manager, Ningxia Dekun Environmental Protection science and Technology Industry Group Co. Ltd.
215	Zhu Hongxiang	Technical Director, Guangxi Bossco Environmental Protection Technology Co. Ltd.
216	Yang Qifeng	Vice President, Guangxi Bossco Environmental Protection Technology Co. Ltd.
217	Feng Jun	General Manager, Guangxi Chang Run Environment Projects Co. Ltd.
218	Shi Junying	General Manager, Bioland Environmental Technologies Group Co. Ltd.
219	Yu Yongfu	General Manager, Guangxi Beibu Gulf Water Investment Co. Ltd.
220	Zheng Caibin	Deputy General Manager, Guangxi Hitech Environmental Protection Co. Ltd.
221	Lin Taicheng	Deputy General Manager, Huahong Water Group Co. Ltd.
222	Liu Kai	General Manager, Guangxi Shenzhou Cubic Environmental Resources Co. Ltd.
223	Bai Weifu	Chairman, Guangxi Guohong Zhihong Environmental Technology Development Co. Ltd.
224	Xiao Hua	Deputy Director, Market and Investment Center, Beijing Bishuiyuan Technology Co. Ltd.
225	Song Yuting	Wuzhou Renewable Resources Import and Process Industrial Park Investment Co. Ltd.
226	Mo Jianyan	Board Member, Changsha Aobang Environmental Protection Co. Ltd.
227	Wu Cong	Deputy General Manager, Southern China District, Environmental Science and Technology Co. Ltd.
228	Chen Guoning	Executive Vice General Manager, Guangxi Bossco Environmental Protection Technology Co. Ltd.
229	Wang Dongdong	Investment Director, Shanghai Fosun Capital Investment Management Co. Ltd.
230	Jiang Chuncheng	Deputy Director, Wuzhou Import Recycling Resources Processing Park Management Committee
231	Wang Qiyi	Deputy General Manager, Guangxi Hongye Energy-Saving Environmental Protection Engineering Co. Ltd.
232	Li Haizhen	Technical Manager, Guangxi Hongye Environmental and Energy Saving Engineering Co. Ltd.
233	Huang Min	Chairman, Guangxi Hong Sheng Yuan Environmental Protection Science And Technology Co. Ltd.

No.	Name	Organization and Title
234	Feng Guangxing	Guangxi Hong Sheng Yuan Environmental Protection Science And Technology Co. Ltd.
235	Deng Xiushan	Chairman, Guangxi Liyuanbao Science And Technology (Group) Co. Ltd.
236	Xu Binyuan	General Ganager, Guangxi Green City Water Management Co. Ltd.
237	Lei Qinping	President, Sanfeng Environment Group
238	Tang Guohua	Deputy General Manager, Sanfeng Environment Group
239	Gu Weiwen	Assistant to the General Manager, Sanfeng Environment Group
240	Chen Tangsi	Director, Integrated Department, Sanfeng Environment Group
241	Chen Keyu	Secretary, Communist Youth League, Sanfeng Environment Group
242	Li Zhihong	General Manager, Nanning Sanfeng Energy Co., Ltd.
243	Liu Gang	Deputy General Manager, Nanning Sanfeng Energy Co., Ltd.
244	Chen Qingfu	Executive vice General Manager, Nanning Sanfeng Energy Co., Ltd.
245	Zhang Dongfeng	Environmental Protection Specialist, Nanning Sanfeng Energy Co., Ltd.
246	Lu Qi	Director, Department of International Business, Chongqing Sanfeng Covanta Environmental Industry Co., Ltd.
247	Lin Bingfeng	President, Guangxi Weike Environment Technology Co, .Ltd
248	Huang Fuping	Secretary General, Environmental Protection Industry Association of Guangxi
249	Xu Fuzhou	Executive Deputy Secretary General, Zhongguancun National Environmental Service Industry Development League
250	Bai Yang	Deputy General Manager, Guangxi Hong Sheng Yuan Environmental Protection Science And Technology Co. Ltd.
251	Huang Ping	Project General Manager, Guangxi Jinyuan Environmental Protection Technology Co., Ltd.
252	Zhou Qingguo	Staff, Nandan Jilang Indium Industry Co., Ltd.
253	Yu Yi	Staff, Nanning Guirun Environmental Industry Co., Ltd.

III. International Organizations，Partners and Resource Persons

No.	Name	Organization and Title
254	Isabelle Francisca Neermala Louis	Acting Regional Director & Representative for Asia and the Pacific, Regional Office for Asia and the Pacific, UNEP
255	Stefan Schurig	Director of Climate, Energy and Cities, Member of the Executive Board, World Future Council
256	Niall O'Connor	Asia Centre Director, Stockholm Environment Institute
257	Omer Lebbe Ameerajwad	Director General，East Asia & Pacific Division,Ministry of Foreign Affairs of Sri Lanka
258	Chayanis Krittasudthacheewa	SEI Asia Centre Deputy Director/ SUMERNET Programme Manager, Stockholm Environment Institute
259	Agus Nugroho	Programme Manager, Stockholm Environment Institute

No.	Name	Organization and Title
260	Sun Miaojie	PROGRAMME COORDINATOR, Stockholm Environment Institute
261	Carl Middleton	Deputy Director for International Research, Center for Social Development Studies, Chulalongkorn University
262	Saphangthong Thatheva	Director-General, Council for Science and Technology, Ministry of Agriculture and Forestry, Lao PDR
263	Ms. Hap Navy	Deputy Director, Inland Fisheries Research and Development Institute (IFReDI), Cambodia
264	Yin Huanying	Senior Prgramme Expert, World Future Council
265	Meng Han	Special Advisor, UNEP-World Conservation Monitoring Centre
266	Waqar Hussain	Environmental Protection Agency, Government of Sindh, Karachi, Pakistan
267	Lathisha Priyanthi Liyanage	Director (Sustainable Urban Transformation for Urban Development), Ministry of Mahaweli Development and Environment of Sri Lanka
268	Naruepon Sukumasavin	Director of Administartio nDivision, Mekong River Commission

附录三 中国—东盟环境合作论坛（2016）会议日程

主论坛

9月10日，星期六	
08:00—08:30	注册
08:30—09:45	开幕式
	主持人：中国环境保护部国际合作司宋小智副司长
	欢迎致辞
	黄世勇　　　　　　　　　　广西壮族自治区人民政府副主席
	开幕致辞
	赵英民　　　　　　　　　　中国环境保护部副部长
	楚范玉贤　　　　　　　　　越南自然资源与环境部副部长
	翁贴·阿萨凯瓦瓦提　　　　东盟副秘书长
09:45—10:00	"中国—东盟生态友好城市发展伙伴关系"启动仪式
	主持人：中国环境保护部国际合作司宋小智副司长
	介绍发言：中国环境保护部自然生态保护司柏成寿副司长
10:00—10:15	茶歇
10:15—11:25	第一单元：城市可持续转型的政策和进展
	邀请中国、东盟和国际组织代表，就城市环境问题、城市可持续转型的现状、机遇和挑战以及城市可持续转型区域合作建议等交流看法
	主持人：广西环境保护厅黎敏副厅长
	尹金生　　　　　　　　　　柬埔寨环境部国务秘书
	邢玉泉　　　　　　　　　　新加坡环境及水源部副常务秘书（政策）
	阿然雅·南塔波提代克　　　泰国自然资源与环境部副常务秘书
	洛克汉姆·阿特萨那万　　　老挝自然资源与环境部环境质量促进司司长
	因卓·伊克丝普罗塔西娅　　印度尼西亚环境与林业部林业与环境科技处处长
	尼尼昂　　　　　　　　　　缅甸自然资源与环境保护部环境保护司处长
	谭波洪　　　　　　　　　　马来西亚自然资源与环境部首席助理秘书

11:25—12:05	第二单元:城市可持续发展经验交流	
	邀请中国、东盟和合作伙伴的官员、专家和城市代表,就可持续城市发展的战略和规划、城市可持续发展的经验及教训、政府、企业和社会在城市可持续发展中的角色以及加强城市之间合作的建议等交流看法。	
	主持人:萨罗杰·斯瑞赛,东盟秘书处环境处处长	
	魏凤君	中国南宁市副市长
	伊莎贝拉·路易斯	联合国环境规划署亚太区域局代理局长
	尼奥·奥康纳	斯德哥尔摩环境研究所亚洲中心主任
	斯蒂芬·舒瑞格	世界未来委员会理事,气候变化、能源与城市全球项目总监
12:05—14:30 (12:05—12:45)	午餐 《中国—东盟环境合作战略 2016—2020》与《中国—东盟环境展望:共同迈向绿色发展》发布会	
14:30—17:30	分论坛一	环境技术合作与创新
	分论坛二	实现 2030 年可持续发展议程的环境目标
18:00—20:00	招待会	
9月11日,星期日		
上午	➢ 中国及东盟成员国副部长、东盟副秘书长以及国际组织高级代表出席第 13 届中国—东盟博览会开幕式 ➢ 其他参会代表参加实地考察(南宁市生活垃圾焚烧发电项目)	
下午	➢ 参会代表参观第 13 届中国—东盟博览会及中国环保产业与技术展示	

分论坛一：环境技术合作与创新

9月10日，星期六		
14:30—15:00	开幕致辞	
	主持人：广西壮族自治区环境保护厅胡永东处长	
	刘志全	环境保护部科技标准司副司长
	欧波	广西壮族自治区环境保护厅副厅长
	张洁清	中国—东盟环境保护合作中心副主任
	阮德东	越南自然资源和环境部环境管理总局副司长
15:00—15:20	环境合作项目签约仪式	
15:20—15:40	第一单元：环保技术和产业合作	
	主持人：广西壮族自治区环境保护厅陈祖芬处长	
	徐文伟	粤桂合作特别试验区管委会主任
	黄蔓茳	澳门环境保护局副局长
	索姆斯特·穆萨丹	泰国工业联合会环境管理产业分会荣誉主席
15:40—16:10	茶歇、企业代表"一对一"技术对接、洽谈	
16:10—17:00	第二单元：环保技术项目推介	
	主持人：中国—东盟环境保护合作中心技术部负责人段飞舟	
	唐国华	三峰环境集团公司副总经理
	丁南华	江苏新纪元环保有限公司董事长
	徐 云	北京中关村国际环保产业促进中心主任
	陈国宁	广西博世科环保科技股份有限公司常务副总
	林泰成	华鸿水务集团有限公司常务副总
	李浩婷	环保部对外合作中心项目经理
	黄敏	广西鸿生源环保科技股份公司总经理
	邓秀汕	广西力源宝科技有限公司董事长
17:00—17:30	第三单元：企业交流	
	参观广西环保厅	

分论坛二：实现 2030 年可持续发展议程的环境目标

	9月10日，星期六	
14:30—14:45	开幕式	
	主持人：中国—东盟环境保护合作中心彭宾处长	
	宋小智	中国环境保护部国际合作司副司长
	尼奥·奥康纳	斯德哥尔摩环境研究所亚洲中心主任
14:45—15:15	第一单元：全球环境挑战与 2030 年可持续发展议程的环境目标	
	引导发言	
	伊莎贝拉·路易斯	联合国环境规划署亚太区域局代理局长
	卡尔·米德尔顿	朱拉隆功大学政治学院社会发展研究中心副主任
15:15—15:45	茶歇	
15:45—17:15	第二单元：实现环境目标的机遇与挑战——国家与地方视角（专题讨论）	
	主持人：斯德哥尔摩环境研究所亚洲中心查雅妮丝·克里塔苏查池瓦副主任	
	卡尔·米德尔顿	朱拉隆功大学政治学院社会发展研究中心副主任
	哈普·娜薇	柬埔寨内陆渔业研究发展中心副主任
	俞海	环保部环境与经济政策研究中心研究员
	萨方松·查希瓦	老挝农业与林业部科技委员会主任
	汤睿琪	新加坡环境及水源部环境政策署执行员
	希塔拉·钱特斯	泰国自然资源与环境部污染防治司环境专家
	陈异晖	云南省环境科学研究院副院长
	问题与讨论	
17:15—17:30	总结	

ASEAN-China Environmental Cooperation Forum 2016
Sustainable Urban Transformation for Green Development

Agenda

September 10, Saturday		
08:00-08:30	**Registration**	
08:30-09:45	**Opening Ceremony**	
	Moderator: Ms. Song Xiaozhi, Deputy Director General, Department of International Cooperation, Ministry of Environmental Protection of China	
	Welcome Remarks	
	H.E. Mr. Huang Shiyong	Vice Governor, Guangxi Zhuang Autonomous Region, China
	Opening Remarks	
	H.E. Mr. Zhao Yingmin	Vice Minister, Ministry of Environmental Protection of China
	H.E. Mr. Chu Pham Ngoc Hien	Vice Minister, Ministry of Natural Resources and Environment of Vietnam
	H.E. Mr. Vongthep Arthakaivalvatee	Deputy Secretary-General, ASEAN Secretariat
09:45-10:00	**Inauguration Ceremony of China-ASEAN Partnership for Ecologically Friendly Urban Development**	
	Moderator: Ms. Song Xiaozhi, Deputy Director General, Department of International Cooperation, Ministry of Environmental Protection of China	
	Introductory Presentation	
	Mr. Bai Chengshou	Deputy Director General, Department of Ecological Conservation, Ministry of Environmental Protection of China
10:00-10:15	**Tea/Coffee Break**	
10:15-11:25	**Session 1: Sustainable Urban Transformation: Policies and Progress**	
	Representatives from China, ASEAN countries and international organization will be invited to exchange views on the urban environmental issues, status quo, opportunities and challenges of sustainable urban transformation, as well as the recommendations to promote regional cooperation on sustainable urban transformation.	
	Moderator: Mr. Li Min, Deputy Director General, Department of Environmental Protection, Guangxi	
	H.E. Mr. Yin Kimsean	Secretary of State, Ministry of Environment, Cambodia
	Ms. Amy Hing	Deputy Secretary (Policy), Ministry of the Environment and Water Resources, Singapore
	Ms. Araya Nuntapotidech	Deputy Permanent Secretary, Ministry of Natural Resources and Environment, Thailand

10:15-11:25	Mr. Lonkham Atsanavong	Action Director-General, Department of Environmental Quality Promotion, MoNRE, Laos
	Ms. Indra Exploitasia	Director for Technicality of Forestry and Environmental, Ministry of Environment and Forestry, Indonesia
	Dr. Ni Ni Aung	Director, Environmental Conservation Department, Ministry of Natural Resources and Environmental Conservation, Myanmar
	Mr. Tan Beng Hoe	Principal Assistant Secretary, Ministry of Natural Resources and Environment, Malaysia
11:25-12:05	**Session 2: Experience Sharing on Development of Sustainable Cities**	
	Officials, experts and city representatives from China, ASEAN countries and partners will be invited to exchange views on formulation and implementation of strategies and plans on sustainable cities, experiences and lessons learnt on sustainable city development, role of government agencies and enterprises, as well as recommendations to enhance city-to-city cooperation.	
	Moderator: Mr. Saroj Srisai, Assistant Director, Environment Division, ASEAN Secretariat (TBC)	
	Mr. Wei Fengjun	Vice-Mayor, Nanning Municipal Government
	Ms. Isabelle Louis	Acting Regional Director & Representative for Asia and the Pacific, Regional Office for Asia and the Pacific, UNEP
	Dr. Niall O'Connor	Asia Centre Director, Stockholm Environment Institute (SEI)
	Dr. Stefan Schurig	Director of Climate, Energy and Cities, Member of the Executive Board, World Future Council (WFC)
12:05-14:30	**Lunch Break**	
(12:05-12:45)	Release of "ASEAN-China Strategy on Environmental Cooperation 2016-2020" and "China-ASEAN Environment Outlook : Towards Green Development"	
14:30-17:30	**Sub-forum 1**	Environmentally Sound Technology Cooperation and Innovation
	Sub-forum 2	Achieving Environmental Goals of the 2030 Agenda for Sustainable Development
18:00-20:00	**Reception**	
September 11, Sunday		
Morning	➤ Chinese and AMS Vice Ministers, Deputy Secretary-General of the ASEAN Secretariat, high-level officials from international organizations will be invited to attend the opening ceremony of the 13th China-ASEAN Expo ➤ Other delegates will attend field visit（Nanning Municipal Waste to Energy Plant）	
Afternoon	All delegates are invited to visit the 13th China-ASEAN Expo and Exhibition of Environmental Industry and Technologies	

Sub-forum 1: Environmentally Sound Technology Cooperation and Innovation

10 September, Saturday		
14:30-15:00	**Opening Ceremony**	
	Moderator: Ms. Hu Yongdong, Director, Department of Environmental Protection, Guangxi	
	Mr. Liu Zhiquan	Deputy Director General, Department of Science, Technology and Standards, Ministry of Environmental Protection of China
	Mr. Ou Bo	Deputy Director General, Department of Environmental Protection, Guangxi
	Ms. Zhang Jieqing	Deputy Director General, China-ASEAN Environmental Cooperation Center (CAEC)
	Mr. Nguyen The Dong	Deputy Director General, Vietnam Environment Administration, Ministry of Natural Resources and Environment of Vietnam
15:00-15:20	**Signing Ceremony of Environmental Cooperation Programme**	
15:20-15:40	**Session 1: Cooperation onEnvironmental Technology and Industry**	
	Moderator: Mr. Chen Zufen, Director, Department of Environmental Protection, Guangxi	
	Mr. Xu Wenwei	Chairman, Guangdong-Guangxi Interprovincial Pilot Cooperation Special Zone Management Committee
	Ms. Huang Manhong	Deputy Chief, Macau Environmental Protection Bureau
	Dr. Somsit Moonsatan	Honorary President, Environmental Management Industry Club, the Federation of Thai Industries
15:40-16:10	**Coffee Break（Business Match-making and Discussions）**	
16:10-17:00	**Session 2：Environmental Technology Programme Promotion**	
	Moderator: Dr. Duan Feizhou, Acting Director for Technology Cooperation, CAEC	
	Mr. Tang Guohua	Deputy General Manager, Sanfeng Enviroment, Guangxi
	Mr. Ding Nanhua	President, Jiangsu Xinjiyuan Environmental Protection Co. Ltd.
	Dr. Xu Yun	Chairman, Beijing Zhongguancun International Environmental Industry Promotion Center
	Mr. Chen Guoning	Deputy General Manager, Guangxi Bossco Environmental Protection Technology Co.,Ltd
	Mr. Lin Taicheng	Deputy General Manager, Huahong Water Group Co.,LTD
	Ms. Li Haoting	Program manager, Foreign Economic Cooperation Office, MEP
	Mr. Huang Min	General Manager, GuangxiHongshengyuan Environmental Technology Co. Ltd.
	Mr. Deng Xiushan	President, Guangxi Liyuanbao Science & Technology Group
17:00-17:30	**Session 3：Industry Networking**	
	Site visit to Department of Environmental Protection of Guangxi	

Sub-forum 2: Achieving Environmental Goals of the 2030 Agenda for Sustainable Development

10 September, Saturday		
14:30-14:45	**Opening Ceremony**	
	Moderator: Mr. Peng Bin, Director, China-ASEAN Environmental Cooperation Center	
	Ms. Song Xiaozhi	Deputy Director General, Department of International Cooperation, Ministry of Environmental Protection of China
	Dr. Niall O'Connor	Asia Centre Director, Stockholm Environment Institute (SEI)
14:45-15:15	**Session 1: Global Environmental Challenges and Environmental Goals of 2030 Agenda for Sustainable Development**	
	Introductory presentations	
	Ms. Isabelle Louis	Acting Regional Director & Representative for Asia and the Pacific, Regional Office for Asia and the Pacific, UNEP
	Dr. Carl Middleton	Center for Social Development Studies, Faculty of Political Science, Chulalongkorn University
	Questions and Discussions	
15:15-15:45	**Coffee Break**	
15:45-17:15	**Session 2: Challenges and Opportunities of Achieving Environmental Goals: From National and Local Perspective (Panel Discussion)**	
	Moderator: Dr. ChayanisKrittasudthacheewa, Deputy Director for Asia Centre, SEI	
	Dr. Carl Middleton	Center for Social Development Studies, Faculty of Political Science, Chulalongkorn University
	Ms. Hap Navy	Deputy Director, Inland Fisheries Research and Development Institute (IFReDI), Cambodia
	Dr. Yu Hai	Director and Senior Research Fellow, Policy Research Center for Environment and Economy, MEP, China
	Dr. Saphangthong Thatheva	Council for Science and Technology, Ministry of Agriculture and Forestry, Lao PDR
	Ms. Priscilla Tong	Executive (Sustainability), Ministry of the Environment and Water Resources, Singapore
	Ms. Seetala Chantes	Environmentalist, Office of Natural Resources and Environmental Policy and Planning, Ministry of Natural Resources and Environment, Thailand
	Dr. Chen Yihui	Vice President, Yunnan Academy of Environmental Sciences
	Questions and Discussions	
17:15-17:30	**Wrap-up**	